FORSCHUNGSBERICHT DES LANDES NORDRHEIN-WESTFALEN

Nr. 3074 / Fachgruppe Hüttenwesen/Werkstoffkunde

Herausgegeben vom Minister für Wissenschaft und Forschung

Prof. Dr.-Ing. Siegfried Bosniakowski
Dr.-Ing. Klaus-Reiner Goldammer
Dipl.-Ing. Ulrich P. Schmitz
Lehr- und Forschungsgebiet für Festigkeitsfragen
des konstruktiven Ingenieurbaues
Rhein.-Westf. Techn. Hochschule Aachen

Berechnung von rotationssymmetrischen
Schalen aus Kunststoff

Springer Fachmedien Wiesbaden GmbH 1981

CIP-Kurztitelaufnahme der Deutschen Bibliothek

Bosniakowski, Siegfried:
Berechnung von rotationssymmetrischen Schalen
aus Kunststoff / Siegfried Bosniakowski ;
Klaus-Reiner Goldammer ; Ulrich P. Schmitz. -
Opladen : Westdeutscher Verlag, 1981.
  (Forschungsberichte des Landes Nordrhein-
  Westfalen ; Nr. 3074 : Fachgruppe Hütten-
  wesen, Werkstoffkunde)
  ISBN 978-3-531-03074-6
NE: Goldammer, Klaus-Reiner:; Schmitz, Ulrich
P.:; Nordrhein-Westfalen: Forschungsberichte
des Landes ...

© 1981 by Springer Fachmedien Wiesbaden

Ursprünglich erschienen bei Westdeutscher Verlag GmbH, Opladen 1981
Herstellung: Westdeutscher Verlag GmbH

Lengericher Handelsdruckerei, 454 Lengerich
ISBN 978-3-531-03074-6   ISBN 978-3-663-19724-9 (eBook)
DOI 10.1007/978-3-663-19724-9

Inhalt

    Vorwort   V

1. Allgemeines   1
2. Grundlagen für die Berechnung   2
3. Numerische Berechnung der orthotropen Schalenkonstruktion bei rotationssymmetrischer Belastung und Lagerung   7
   - 3.1   Methode der finiten Differenzen   7
   - 3.2   Allgemeine Schalengrundgleichungen   9
   - 3.3   Schalengrundgleichungen für Sonderfälle   12
   - 3.3.1 Grundgleichungen der Zylinderschale   13
   - 3.3.2 Grundgleichungen der Kegelschale   14
   - 3.4   Umwandlung der Differentialgleichungen in Differenzengleichungen   15
   - 3.4.1 Grundbeziehungen   15
   - 3.4.2 Rand- und Übergangsbedingungen   17
   - 3.4.3 Rechnungsgang   17
4. Numerische Berechnung orthotroper Rotationsschalen unter periodischer Belastung   18
   - 4.1   Schalengrundgleichungen der Kreiszylinderschale   18
   - 4.2   Schalengrundgleichungen der Kegelschale   22
   - 4.3   Numerische Lösung der Schalengleichungen   25
   - 4.3.1 Reihenansatz für die ϑ-Richtung   25
   - 4.3.2 Diskretisierung mittels finiter Differenzen   26
   - 4.3.3 Randbedingungen   26
5. Der Kreisringträger unter periodischer Belastung   27
   - 5.1   Grundgleichungen   27
   - 5.2   Grundgleichungen in Reihendarstellung   28
   - 5.3   Lösung der Grundgleichungen   29
   - 5.4   Verschiebungen eines beliebigen Querschnittpunktes des Trägers   30
6. Die statische Untersuchung der Gesamtkonstruktion unter periodischer Belastung   31
   - 6.1   Ansatz der statisch Überzähligen
   - 6.2   Belastungen und Randbedingungen der Einzelelemente 31
   - 6.2.1 Kreiszylinder- und Kegelschale   31
   - 6.2.2 Kreisringträger   33
   - 6.3   Berechnung der statisch Überzähligen   33

7.	Programmtechnische Aufbereitung		35
	7.1	Programm für rotationssymmetrische Belastungs- und Spannungszustände	35
	7.2	Programm zur Berechnung einer im Auflager periodisch belasteten Schalenkonstruktion	37
8.	Vergleich zwischen Messung und Rechnung		38
9.	Literaturverzeichnis		50

Vorwort

Der vorliegende Bericht ist der Schlußbericht des Forschungsvorhabens: "Berechnung von rotationssymmetrischen Schalen aus Kunststoff". Es wurde finanziert von dem Ministerium für Wissenschaft und Forschung des Landes NRW.

Das Gelingen der nachfolgend beschriebenen Untersuchungen war nur möglich aufgrund der die Fakultätsgrenzen überschreitenden guten Zusammenarbeit mit Herrn Professor Menges, Leiter des Institutes für Kunststoffverarbeitung (IKV) an der RWTH Aachen und seinen Mitarbeitern Herrn Dr.-Ing. Thebing und Herrn Dipl.-Ing. Bieling, wofür wir besonders danken möchten.

Im Rahmen eines gleichnamigen Forschungsprojektes "Berechnung von rotationssymmetrischen Schalen aus Kunststoff" wurden vom IKV Untersuchungen an Modellen durchgeführt, die in einem besonderen Bericht erläutert werden.

1. Allgemeines

Rotationsschalen gehören zu denjenigen Schalentragwerken, die auch heute noch ein besonders weites Anwendungsfeld in der Praxis besitzen. In Gestalt der Naturzugkühler haben sie inzwischen beachtliche Abmessungen bei relativ geringer Wandstärke erreicht.

Die Berechnung solcher Schalen bereitet heute prinzipiell keine besonderen Schwierigkeiten mehr. Der rechnerische Aufwand jedoch kann beträchtlich sein, sofern man sich auf Grund der tatsächlichen Gegebenheiten genötigt von der statisch bestimmten Membranlösung abwendet und die statisch unbestimmte, biegesteife Schale zur Grundlage von Untersuchungen nimmt.

Bei der Berechnung von Tragwerken aus glasfaserverstärkten Kunststoffen (GFK) sind die Materialeigenschaften in besonderer Weise zu berücksichtigen /1/. Das Kriechen kann in statisch unbestimmten Systemen von Einfluß auf die Schnittgrößen sein. Hinzu kommen durch Fasereinlagen bedingte Anisotropie und durch örtliche Verstärkungen hervorgerufene Diskontinuitäten. Ein für derartige Konstruktionen zu erstellendes Computerprogramm müßte in der Lage sein, durch veränderliche Materialwerte hinsichtlich der Zeit, des Ortes und der Richtung den Eigenschaften des Werkstoffes Rechnung zu tragen. Die Aufstellung eines derartigen Programmes war Ziel des Forschungsvorhabens.

Am Institut für Kunststoffverarbeitung (IKV) an der RWTH Aachen sollten parallel dazu Versuche an Modellbauten durchgeführt werden. Um Versuchsablauf und Rechnung aufeinander abzustimmen, wurde der Forschungsauftrag in engem Kontakt mit dem IKV bearbeitet.

Die Versuchskörper bestehen aus einem zylindrischen Behälter, an den unten ein Schüttkegel angeschlossen ist. Der Anschnittsbereich der Schalen ist durch zusätzliches Harz verstärkt und damit zu einem Ringträger ausgebildet. Der Behälter ist unten durch eine Metallplatte verschlossen (Bild 1).

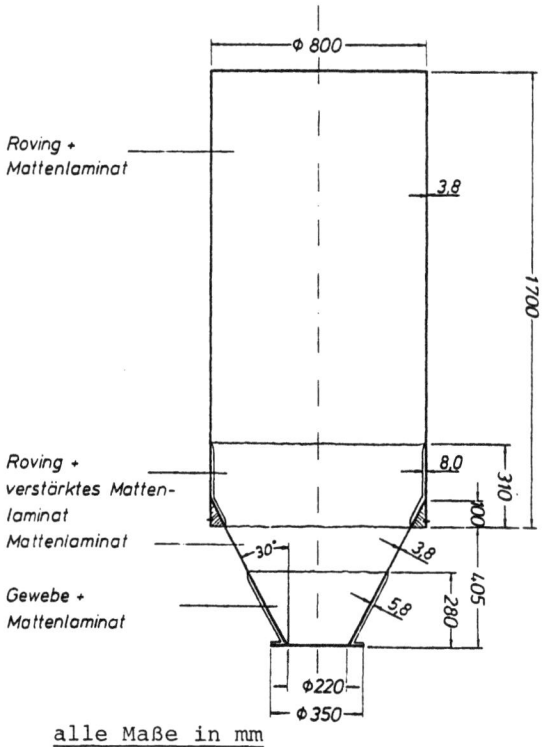

Bild 1: Versuchskörper [2]

Belastet wurden die Silos durch Wasserfüllung sowohl unter Raumtemperatur (30°C) als auch bei 60°C.

Da die Modellkörper auf vier Einzelstützen gelagert sind, erschien eine rein rotationssymmetrische Betrachtung im Rahmen dieses Projektes als nicht ausreichend. Es wurde daher zusätzlich ein Programm entwickelt, das den Einfluß der Einzelstützung berücksichtigt.

2. Grundlagen für die Berechnungen

Die Eigenschaften und Eigenarten des Materials sind ein Ausgangspunkt für die Aufstellung der Berechnungsgleichungen. Im folgenden sollen die Besonderheiten des Kunststoffes behandelt werden und dargestellt werden, wie sie ihre Berücksichtigung in der Rechnung finden.

Aus den Spannungs-Dehnungs-Diagrammen des Werkstoffes, der für
den Bau der Konstruktion vorgesehen war, ist zu erkennen, daß
man für einen Dehnungsbereich bis ca. 0,6 - 0,8 % angesichts
sonstiger, größerer Fehlereinflüsse mit ausreichender Genauigkeit
von einem linearen Zusammenhang zwischen Spannung und Dehnung
ausgehen kann. Bild 2 zeigt exemplarisch ein solches
Diagramm, welches für den verstärkten Kegelbereich vom IKV erstellt
wurde.

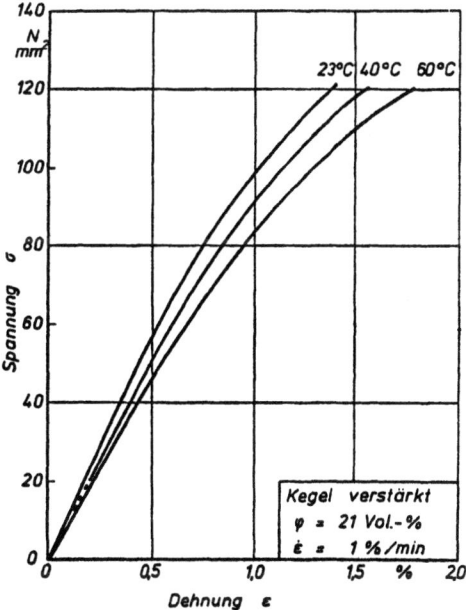

Bild 2: Spannungs-Dehnungs-Diagramm [2]

Die Modellsilos sind derart dimensioniert, daß sich die zu
erwartenden Dehnungen in einen Bereich bis 0,05 % (bzw. bis 0,2 %
im Kurzzeitüberlastversuch) bewegen, also weit unterhalb dieser
Proportionalitätsgrenze. Ein Grenzwert von ca. 0,8 % für die zu
erwartende Dehnung gilt im allgemeinen auch für die Auslegung
von Bauwerken der Praxis, da bei dessen Überschreitung mit Auftreten
von Rissen an langlebigen Konstruktionsteilen gerechnet
werden muß. In Abhängigkeit von der Zusammensetzung des Harzes
und dem Aufbau des Laminates kann dieser Wert jedoch stark
schwanken.

Bleibt man bei der Ausnutzung der Querschnitte in sicherem Abstand von der Proportionalitätsgrenze, dann können die bekannten Gleichungen der linearen Elastizität auch in dem hier zu entwickelnden Berechnungsverfahren Anwendung finden.

Kunststoffe reagieren auf Belastung mit elastischen und mit zeitabhängigen Formänderungen. Letztere können zu Schnittkraftumlagerungen führen, wenn das Bauwerk statisch unbestimmt und aus Elementen unterschiedlichen Kriechverhaltens zusammengesetzt ist, wie im vorliegenden Fall.

Ist die Kriechfunktion von den Spannungen unabhängig, so bleibt der lineare Zusammenhang zwischen Spannung und Dehnung erhalten; gemäß Bild 3 trifft dies insbesondere für den hier vorgesehenen Belastungsbereich zu. Es gilt für die gesamte Dehnung:
$\varepsilon(t) = \varepsilon(0) \cdot \emptyset(t,T)$, wobei $\varepsilon(0)$ der elastische Dehnungsanteil zum Zeitpunkt $t = 0$, $\emptyset(t,T)$ die Kriechfunktion in Abhängigkeit von Zeit und Temperatur, welche zum Zeitpunkt $t=0$ den Wert 1 besitzt. $\emptyset(t,T)$ läßt sich experimentell bestimmen oder wird aufgrund der gegebenen Materialkennwerte und -zusammensetzungen vorausberechnet [3]. In Bild 4 ist der im Versuch gemessene

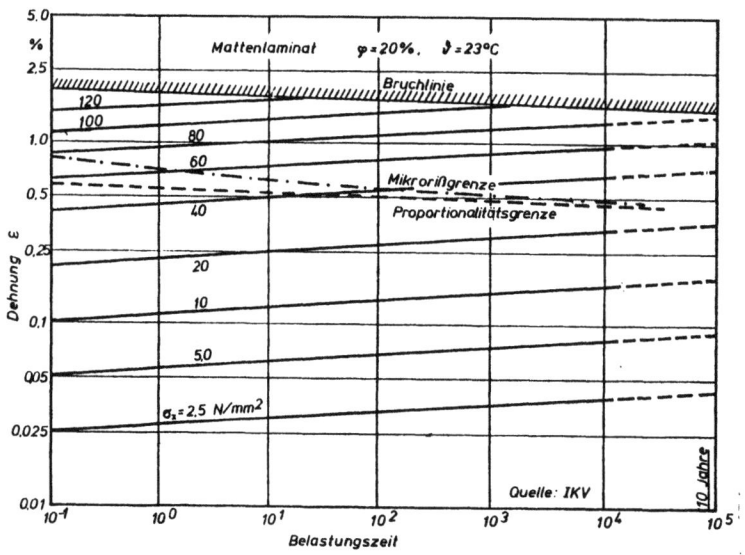

Bild 3: Kriechverformungen bei verschiedenen Belastungen

Kriechmodul E(t) dargestellt, der sich errechnet aus

$$E(t) = E(0)/\emptyset(t,T),$$

mit E(0) als Elastizitätsmodul zum Zeitpunkt t=0. In der praktischen Berechnung wird nun einfach der Elastizitätsmodul durch den Kriechmodul zum jeweiligen Zeitpunkt ersetzt.

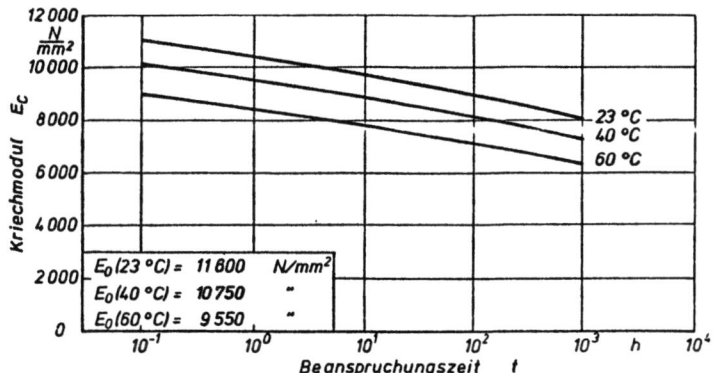

Bild 4: Kriechmodul eines Schalenabschnittes
bei verschiedenen Temperaturen [2]

Durch gerichtete Fasereinlagen verstärkte Kunststofflaminate weisen unter Umständen Materialeigenschaften auf, die nicht in jeder Richtung gleich sind. Meistens sind die Einlagen jedoch so geartet, daß Orthotropie vorliegt, wie z.B. bei einer Wicklung in der Haupttragrichtung. Dies bedeutet für die Berechnung, daß unterschiedliche Dehn- und Biegesteifigkeiten für die Hauptachsen angesetzt werden müssen. Die Elastizitätsgleichungen des zweidimensionalen Spannungszustandes sind dann entsprechend zu modifizieren.

Form und Belastung des Modellkörpers sind zwar rotationssymmetrisch, seine Lagerung erfolgt jedoch entsprechend den Gegebenheiten der Praxis auf vier Einzelstützen, so daß der Spannungszustand im Bereich der Auflagerung von der Rotationssymmetrie abweicht. Die Auflager sind gleichmäßig über den Umfang verteilt; die Summe der vier Auflagerbreiten entspricht einem Drittel des Schalenumfanges.

Im allgemeinen wird man bei den vorliegenden Verhältnissen auch mit einer rein rotationssymmetrischen Berechnung, also der Annahme eines kontinuierlich gestützten Randes, genügend genaue Ergebnisse erzielen, zumal die Bauwerke im Bereich der Auflager meist ringartig verstärkt sind. Die Wirkung der Einzelstützen wird vom Ringträger durch seine im Vergleich zu den anschließenden Schalenelementen hohe Steifigkeit abgebaut. Ein verbleibender Rest klingt in den Schalen sehr schnell ab und in einem gewissen Abstand von der Störzone hat man wieder den rein rotationssymmetrischen Spannungs- und Formänderungszustand. Trotz des zu erwartenden nur geringen Einflusses soll im Hinblick auf möglichst wirklichkeitsnahe Ergebnisse die Wirkung der Einzelstützen untersucht werden. Für die statische Berechnung bedeutet dies jedoch einen erheblichen Mehraufwand.

Zweckmäßigerweise gliedert man den Rechengang gemäß Bild 5 in zwei Abschnitte:

    a) Untersuchung für rotationssymmetrische Belastung und Lagerung (Bild 5b)

    b) Untersuchung für einen periodisch nicht-rotationssymmetrischen Gleichgewichtszustand über den Umfang des Lagerrandes (Bild 5c).

Aus der Überlagerung der Ergebnisse aus a) und b) folgt dann der wirkliche, aus der Einzelstützenlagerung resultierende Spannungszustand der Schalenkonstruktion.

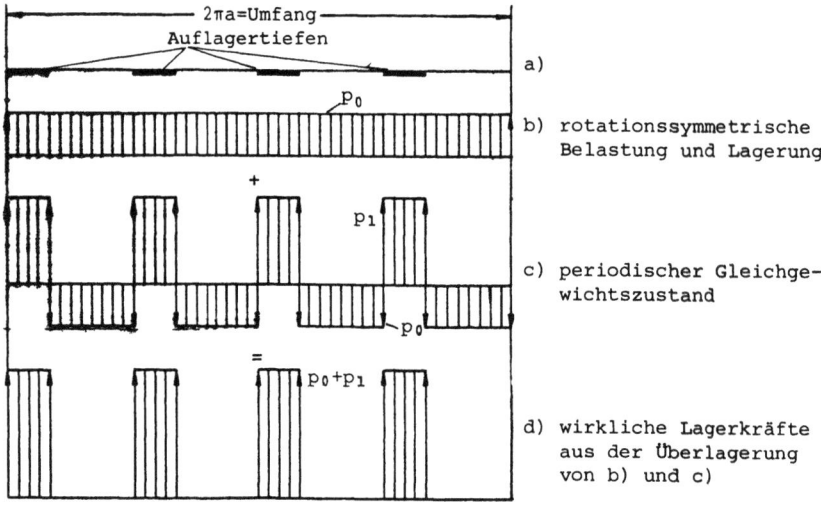

Bild 5

3. Numerische Berechnung der orthotropen Schalenkonstruktion bei rotationssymmetrischer Belastung und Lagerung

3.1 Methode der finiten Differenzen

Im folgenden werden die Differentialgleichungen der Rotationsschale für die numerische Lösung nach dem Differenzenverfahren aufbereitet. Im Gegensatz zum analytischen Weg müssen dabei keine Vereinfachungen getroffen werden, die die Berechnung hinsichtlich ihrer Genauigkeit oder Anwendbarkeit (z.B. auf flache Schalen) einschränken. Es können beliebige örtlich veränderliche Material- oder Querschnittswerte erfaßt werden. Grundlage und zugleich Voraussetzung ist die klassische Theorie dünner Rotationsschalen für den rotationssymmetrischen Zustand.

Die Differentialgleichungen können numerisch gelöst werden, wenn man die Differentialquotienten durch sogenannte Differenzquotienten ersetzt. Differenzenquotienten beschreiben die Ableitung einer Funktion auf der Grundlage der Funktionswerte an mehreren Stützstellen.

Unterteilt man den zu betrachtenden Funktionsbereich in gleiche Abschnitte und formuliert an jedem Teilpunkt die Diffenzengleichungen, so erhält man ein Gleichungssystem, das nach Einsetzen entsprechender Randbedingungen und Auflösung die gesuchten Funktionswerte liefert. Die Näherung ist umso besser, je mehr Stützstellen für die Bildung der Differenzenquotienten herangezogen werden und je feiner die Unterteilung gewählt wird. Da für Punkte am Rand nicht zu beiden Seiten Nachbarpunkte zur Verfügung stehen, sind entweder unsymmetrische Differenzenquotienten zu verwenden oder in gedachter Verlängerung der Meridiankurve über die Randpunkte hinaus eine entsprechende Zahl von "Nebenpunkten" anzuordnen. In Tabelle 1 sind die hier in Frage kommenden Differenzenquotienten zusammengestellt.

$$y_l \underset{-2\ -1\ 0\ 1\ 2\ 3}{\overset{h}{\rule{3cm}{0.4pt}}} \quad \underset{3\ 2\ 1\ 0\ -1\ -2}{\rule{3cm}{0.4pt}} y_r \qquad y^{(n)}(x_0) = \frac{1}{k} \sum C_\alpha\, y(\alpha)$$

		C_{-3}	C_{-2}	C_{-1}	C_0	C_1	C_2	C_3	C_4	C_5	C_6
	$2h$			-1	0	1					
	$2h$				-3	4	-1				
$y_l' = -y_r'$	$12h$		1	-8	0	8	-1				
	$12h$				-3	-10	18	-6	1		
	$12h$				-25	48	-36	16	-3		
	h^2			1	-2	1					
	h^2				2	-5	4	-1			
$y_l'' = y_r''$	$12h^2$		-1	16	-30	16	-1				
	$12h^2$			10	-15	-4	14	-6	1		
	$12h^2$				45	-154	214	-156	61	-10	
	$2h^3$		-1	2	0	-2	1				
	$2h^3$			-3	10	-12	6	-1			
	$2h^3$			-5	18	-24	14	-3			
$y_l''' = -y_r'''$	$8h^3$	1	-8	13	0	-13	8	-1			
	$8h^3$		-1	-8	35	-48	29	-8	1		
	$8h^3$			-15	56	-83	64	-29	8	-1	
	$8h^3$				-49	232	-461	496	-307	104	-15
$y_l^{IV} = y_r^{IV}$	h^4		1	-4	6	-4	1				

Tabelle 1 : Differenzenquotienten

3.2 Allgemeine Schalengrundgleichungen

Mit den Bezeichnungen für die Schnittkräfte und Formänderungen gemäß Bild 6 und Bild 7 gelten die folgenden drei Gleichgewichtsbedingungen in Bogenkoordinaten:

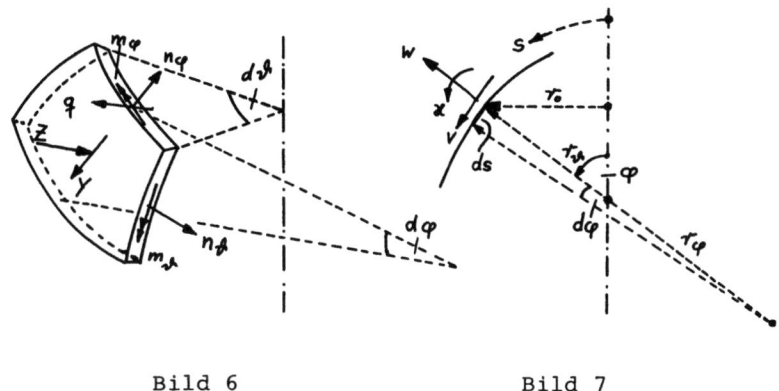

Bild 6　　　　　　　Bild 7

$$-n_{\vartheta}\cos\varphi + \frac{\partial(n_\varphi r_o)}{\partial s} - q\frac{r_o}{r_\varphi} + Y r_o = 0 \qquad (1.1)$$

$$n_{\vartheta}\sin\varphi + n_\varphi \frac{r_o}{r_\varphi} + \frac{\partial(q r_o)}{\partial s} + Z r_o = 0 \qquad (1.2)$$

$$-m_{\vartheta}\cos\varphi + \frac{\partial(m_\varphi r_o)}{\partial s} - q r_o = 0 \qquad (1.3)$$

Der Zusammenhang zwischen den Dehnungen und den Formänderungen der Schalenmittelfläche (Z = 0) wird beschrieben durch

$$\varepsilon_\varphi = \frac{1}{r_\varphi}\left(\frac{dv}{d\varphi} + w\right) = \frac{dv}{ds} + \frac{w}{r_\varphi} \qquad (2.1)$$

$$\varepsilon_\vartheta = \frac{1}{r_\vartheta}(v \cot\varphi + w) \qquad (2.2)$$

$$\varkappa = \frac{v}{r_\varphi} - \frac{dw}{ds} \qquad (2.3)$$

Für Punkte im Abstand z von der Schalenmittelfläche gilt:

$$\varepsilon_{\varphi z} = \varepsilon_\varphi + z \frac{d\varkappa}{ds} \tag{3.1}$$

$$\varepsilon_{\vartheta z} = \frac{1}{r_\vartheta} (v \cot\varphi + w + z \varkappa \cot\varphi) \tag{3.2}$$

Zwischen der Neigungsänderung $\varkappa$ der Meridiantangente und den Krümmungen $\varkappa_\varphi$ und $\varkappa_\vartheta$ der Schalenmittelebene infolge der äußeren Belastung ergibt sich der Zusammenhang

$$\varkappa_\varphi = \frac{d\varkappa}{ds} \tag{4.1}$$

$$\varkappa_\vartheta = \frac{\varkappa}{r_\vartheta} \cot\varphi \tag{4.2}$$

Die Dehnungen $\varepsilon_{\varphi z}, \varepsilon_{\vartheta z}$ im Bereiche eines Punktes, der von der Mittelebene den Abstand z hat, und die zugehörigen Spannungen $\sigma_{\varphi z}, \sigma_{\vartheta z}$ sind durch folgende Beziehungen verknüpft:

$$\varepsilon_{\varphi z} = \frac{\sigma_{\varphi z}}{E_\varphi} - \mu_\vartheta \frac{\sigma_{\vartheta z}}{E_\vartheta} \tag{5.1}$$

$$\varepsilon_{\vartheta z} = \frac{\sigma_{\vartheta z}}{E_\vartheta} - \mu_\varphi \frac{\sigma_{\varphi z}}{E_\varphi} \tag{5.2}$$

bzw.

$$\sigma_{\varphi z} = \frac{E_\varphi}{1 - \mu_\varphi \mu_\vartheta} (\varepsilon_{\varphi z} + \mu_\vartheta \varepsilon_{\vartheta z}) \tag{$\overline{5.1}$}$$

$$\sigma_{\vartheta z} = \frac{E_\vartheta}{1 - \mu_\varphi \mu_\vartheta} (\varepsilon_{\vartheta z} + \mu_\varphi \varepsilon_{\varphi z}) \tag{$\overline{5.2}$}$$

Die in Bild 6 definierten Schnittkräfte lassen sich aus den Spannungen wie folgt darstellen:

$$n_\varphi = \int_{h_\varphi} \sigma_{\varphi z} (1 + \frac{z}{r_\vartheta}) dz \tag{6.1}$$

$$n_\vartheta = \int_{h_\vartheta} \sigma_{\vartheta z} (1 + \frac{z}{r_\varphi}) dz \tag{6.2}$$

$$m_\varphi = \int_{h_\varphi} \sigma_{\varphi z} (1 + \frac{z}{r_\vartheta}) z\, dz \tag{6.3}$$

$$m_\vartheta = \int_{h_\vartheta} \sigma_{\vartheta z} (1 + \frac{z}{r_\varphi}) z\, dz \tag{6.4}$$

Die Integration liefert nach Vernachlässigung von als unbedeutend angesehenen Termen

$$n_\varphi = D_\varphi (\varepsilon_\varphi + \mu_{\vartheta} \varepsilon_{\vartheta}) \qquad (7.1)$$

$$n_\vartheta = D_\vartheta (\varepsilon_\vartheta + \mu_\varphi \varepsilon_\varphi) \qquad (7.2)$$

$$m_\varphi = -K_\varphi (\varkappa_\varphi + \mu_{\vartheta} \varkappa_{\vartheta}) \qquad (7.3)$$

$$m_\vartheta = -K_\vartheta (\varkappa_\vartheta + \mu_\varphi \varkappa_\varphi) \qquad (7.4)$$

mit den Abkürzungen

$$D_\varphi = \frac{E_\varphi A_\varphi}{1 - \mu_\varphi \mu_\vartheta} \qquad (8.1)$$

$$D_\vartheta = \frac{E_\vartheta A_\vartheta}{1 - \mu_\varphi \mu_\vartheta} \qquad (8.2)$$

für die Dehnsteifigkeiten und

$$K_\varphi = \frac{E_\varphi I_\varphi}{1 - \mu_\varphi \mu_\vartheta} \qquad (8.3)$$

$$K_\vartheta = \frac{E_\vartheta I_\vartheta}{1 - \mu_\varphi \mu_\vartheta} \qquad (8.4)$$

für Biegesteifigkeiten.

A_φ, A_ϑ sind die auf die Längeneinheit der Schnitt-
I_φ, I_ϑ kraftbezugsfläche bezogenen Querschnitts-
flächen und -trägheitsmomente

Bei Einsetzen von (7.1) bis (7.4) in die Gleichgewichtsbedingungen (1.1) bis (1.3) unter Beachtung der Beziehungen (2.1) bis (2.3) für die Dehnungen und (4.1) und (4.2) für die Krümmungen folgen mit der Abkürzung

$$(\ldots)^\circ = \frac{d(\ldots)}{ds}$$

die maßgebenden Differentialgleichungen zu

$$v^{\circ\circ} + (\frac{w}{T_\varphi})^\circ + \mu_\vartheta [(\frac{v \cot\varphi}{T_\vartheta})^\circ + (\frac{w}{T_\vartheta})^\circ] + (v^\circ + \frac{w}{T_\varphi})A +$$
$$+ (\frac{v \cot\varphi}{T_\vartheta} + \frac{w}{T_\vartheta})B - \frac{q}{D_\varphi T_\vartheta} + \frac{1}{D_\varphi} Y = 0, \qquad (9.1)$$

mit

$$A = \frac{D_\varphi^\circ}{D_\varphi} + \frac{T_0^\circ}{T_0} - \mu_\varphi \frac{D_\vartheta}{D_\varphi} \frac{\cos\varphi}{T_0}$$

$$B = -\frac{D_\vartheta}{D_\varphi} \frac{\cos\varphi}{T_0} + \mu_\vartheta (\frac{T_0^\circ}{T_0} + \frac{D_\varphi^\circ}{D_\varphi})$$

$$(v^\circ + \frac{w}{T_\varphi})C + (\frac{v \cot\varphi}{T_\vartheta} + \frac{w}{T_\vartheta})D + \frac{1}{D_\varphi} q^\circ + \frac{1}{D_\varphi} q \frac{T_0^\circ}{T_0} + \frac{Z}{D_\varphi} = 0, \qquad (9.2)$$

mit

$$C = \frac{1}{T_\varphi} + \mu_\varphi \frac{\sin\varphi}{T_0} \frac{D_\vartheta}{D_\varphi}$$

$$D = \frac{D_\vartheta}{D_\varphi} \frac{\sin\varphi}{T_0} + \mu_\varphi \frac{1}{T_\varphi}$$

$$\chi_\vartheta (\varkappa_\vartheta + \mu_\varphi \varkappa_\varphi) \frac{\cos\varphi}{T_0} + [-\chi_\varphi (\varkappa_\varphi + \mu_\vartheta \varkappa_\vartheta)]^\circ -$$
$$- \chi_\varphi (\varkappa_\varphi + \mu_\vartheta \varkappa_\vartheta) \frac{T_0^\circ}{T_0} - q = 0 . \qquad (9.3)$$

3.3 Schalengrundgleichungen für Sonderfälle

Der vorliegende Versuchskörper gemäß Bild 1 setzt sich aus einer Zylinderschale und einer Kegelschale zusammen. Das zu erstellende Rechenprogramm ist auf diese Schalenkombination bezogen. Es werden deshalb die hierzu gehörenden Schalengrundgleichungen durch Vereinfachung der entsprechenden Beziehungen für den allgemeinen Fall bereitgestellt.

3.3.1 Grundgleichungen der Zylinderschale

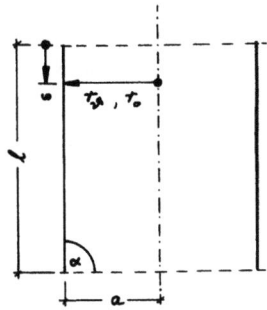

Die Geometrie der Zylinderschale (Bild 8) wird beschrieben durch

$$\varphi = \alpha = const$$
$$r_\varphi \rightarrow \infty$$
$$r_\vartheta = r_o = a = const$$

Bild 8

Das maßgebende gekoppelte System der Differentialgleichungen in v, w und q ergibt sich damit aus den Gleichungen (9.1) bis (9.3) zu

$$\frac{d^2v}{ds^2} D_\varphi + \frac{dv}{ds}\frac{dD_\varphi}{ds} + \frac{dw}{ds}\frac{\mu_\vartheta}{a} D_\varphi + w \frac{\mu_\vartheta}{a}\frac{dD_\varphi}{ds} + Y = 0 \qquad (10.1)$$

$$\frac{dv}{ds}\frac{\mu_\varphi}{a} D_\vartheta + w \frac{D_\vartheta}{a^2} + \frac{dq}{ds} + Z = 0 \qquad (10.2)$$

$$\frac{d^3w}{ds^3} K_\varphi + \frac{d^2w}{ds^2}\frac{dK_\varphi}{ds} - q = 0 \qquad (10.3)$$

Die Schnittkraftverschiebungsgleichungen aus (7.1) bis (7.4) hervorgehend lauten:

$$n_\varphi = D_\varphi \left(\frac{dv}{ds} + \mu_\vartheta \frac{w}{a}\right) \qquad (11.1)$$

$$n_\vartheta = D_\vartheta \left(\frac{w}{a} + \mu_\varphi \frac{dv}{ds}\right) \qquad (11.2)$$

$$m_\varphi = K_\varphi \frac{d^2w}{ds^2} \qquad (11.3)$$

$$m_\vartheta = K_\vartheta \mu_\varphi \frac{d^2w}{ds^2} \qquad (11.4)$$

3.3.2 Grundgleichungen der Kegelschale

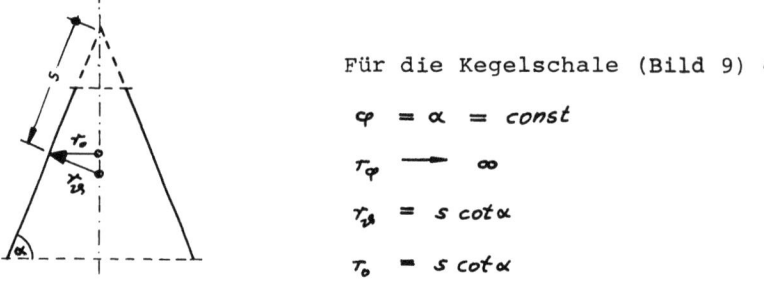

Für die Kegelschale (Bild 9) gilt

$\varphi = \alpha = const$

$r_\varphi \longrightarrow \infty$

$r_\vartheta = s \cot \alpha$

$r_o = s \cot \alpha$

Bild 9

Die maßgebenden Schalengrundgleichungen lauten

$$\frac{d^2v}{ds^2} D_\varphi + \frac{dv}{ds} \left(D_\varphi \mu_\vartheta \frac{1}{s} + D_\varphi \frac{1}{s} + \frac{dD_\varphi}{ds} - \mu_\varphi D_\vartheta \frac{1}{s} \right) +$$

$$+ v \left(\frac{dD_\varphi}{ds} \frac{\mu_\vartheta}{s} - \frac{D_\vartheta}{s^2} \right) + \frac{dw}{ds} \left(D_\varphi \frac{\mu_\vartheta}{s \cot \alpha} \right) +$$

$$+ w \left(\frac{dD_\varphi}{ds} \frac{\mu_\vartheta}{s \cot \alpha} - \frac{D_\vartheta}{s^2 \cot \alpha} \right) + Y = 0 \qquad (12.1)$$

$$\frac{dv}{ds} \frac{\mu_\varphi D_\vartheta}{s \cot \alpha} + v \frac{D_\vartheta}{s^2 \cot \alpha} + w \frac{D_\vartheta}{s^2 \cot^2 \alpha} + \frac{dq}{ds} + \frac{q}{s} + Z = 0 \qquad (12.2)$$

$$\frac{d^3w}{ds^3} K_\varphi + \frac{d^2w}{ds^2} \left(\frac{dK_\varphi}{ds} + \mu_\vartheta \frac{K_\varphi}{s} + \frac{K_\varphi}{s} - \frac{K_\vartheta}{s} \mu_\varphi \right) +$$

$$+ \frac{dw}{ds} \left(\frac{dK_\varphi}{ds} \frac{\mu_\vartheta}{s} - \frac{K_\vartheta}{s^2} \right) - q = 0 \qquad (12.3)$$

Die Schnittkraftverschiebungsgleichungen ergeben sich zu

$$n_\varphi = D_\varphi \left(\frac{dv}{ds} + \mu_\vartheta \frac{v \cot \alpha + w}{r_\vartheta} \right) \qquad (13.1)$$

$$n_\vartheta = D_\vartheta \left(\frac{v \cot \alpha + w}{r_\vartheta} + \mu_\varphi \frac{dv}{ds} \right) \qquad (13.2)$$

$$m_\varphi = K_\varphi \left(\frac{d^2w}{ds^2} + \mu_\vartheta \frac{dw}{ds} \frac{\cot \alpha}{r_\vartheta} \right) \qquad (13.3)$$

$$m_\vartheta = K_\vartheta \left(\frac{dw}{ds} \frac{\cot \alpha}{r_\vartheta} + \mu_\varphi \frac{d^2w}{ds^2} \right) \qquad (13.4)$$

3.4 Umwandlung der Differentialgleichungen in Differenzengleichungen

3.4.1 Grundbeziehungen

Der der Rechnung zugrunde liegende Meridianschnitt wird in gleiche Abschnitte h = Δs unterteilt (Bild 10); für die einzelnen Unterteilungspunkte werden die Gleichgewichtsbedingungen und die Schnittkraft-Verschiebungsgleichungen unter Benutzung der Differenzenquotienten gemäß Tab. 1 formuliert. Die Beziehungen (10.1) bis (10.3) für die Gleichgewichtsbedingungen bzw. (11.1) bis (11.4) für die Schnittkraft-Verschiebungsgleichungen der Zylinderschale, formuliert für den Bezugspunkt k, wandeln sich damit wie folgt um:

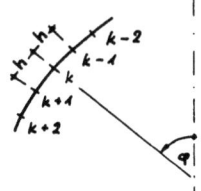

Bild 10

$$\frac{D_\varphi}{h^2}(v_{k-1} - 2v_k + v_{k+1}) + \frac{1}{h}(v_{k+1} - v_{k-1})\frac{1}{h}(D_{\varphi_{k+1}} - D_{\varphi_{k-1}}) +$$

$$+ \frac{D_\varphi \mu_\vartheta}{ah}(w_{k+1} - w_{k-1}) + \frac{\mu_\vartheta}{a}\frac{w_k}{h}(D_{\varphi_{k+1}} - D_{\varphi_{k-1}}) + Y = 0 \quad (14.1)$$

$$\frac{D_\vartheta \mu_\varphi}{ah}(v_{k+1} - v_{k-1}) + \frac{D_\vartheta}{a^2}w_k + \frac{1}{h}(q_{k+1} - q_{k-1}) + Z = 0 \quad (14.2)$$

$$\frac{K_\varphi}{2h^3}(-w_{k-2} + 2w_{k-1} - 2w_{k+1} + w_{k+2}) + \frac{1}{h^2}(w_{k-1} - 2w_k + w_{k+1}) \cdot$$

$$\cdot \frac{1}{h}(K_{\varphi_{k+1}} - K_{\varphi_{k-1}}) - q_k = 0 \quad (14.3)$$

bzw.

$$n_\varphi = D_\varphi\left[\frac{1}{h}(v_{k+1} - v_{k-1}) + \mu_\vartheta\frac{w_k}{r_\vartheta}\right] \quad (15.1)$$

$$n_\vartheta = D_\vartheta\left[\frac{w_k}{r_\vartheta} + \frac{\mu_\varphi}{h}(v_{k+1} - v_{k-1})\right] \quad (15.2)$$

$$m_\varphi = K_\varphi\frac{1}{h^2}(w_{k-1} - 2w_k + w_{k+1}) \quad (15.3)$$

$$m_\vartheta = K_\vartheta\frac{\mu_\varphi}{h^2}(w_{k-1} - 2w_k + w_{k+1}) \quad (15.4)$$

Die bezüglich des Ortes nicht besonders indizierten Größen beziehen sich dabei auf den Bezugspunkt k der Gleichungen.

Für die Kegelschale ergeben sich analog die Beziehungen:

$$\frac{D_\varphi}{h^2}(v_{k-1}-2v_k+v_{k+1}) + \frac{1}{h}(v_{k+1}-v_{k-1})\left[\frac{D_\varphi}{s_k}(1+\mu_\vartheta) - \frac{1}{h}(D_{\varphi_{k+1}}-D_{\varphi_{k-1}}) - \right.$$
$$\left.-\frac{\mu_\varphi D_\vartheta}{s_k}\right] + v_k\left[\frac{\mu_\vartheta}{s_k h}(D_{\varphi_{k+1}}-D_{\varphi_{k-1}}) - \frac{D_\vartheta}{s_k^2}\right] + \frac{1}{h^2}(w_{k-1}-2w_k+w_{k+1})\cdot$$
$$\cdot\frac{D_\varphi \mu_\vartheta}{s_k\cot\alpha} + w_k\left[\frac{\mu_\vartheta}{h s_k \cot\alpha}(D_{\varphi_{k+1}}-D_{\varphi_{k-1}}) - \frac{D_\vartheta}{s_k^2 \cot\alpha}\right] + Y = 0 \quad (16.1)$$

$$\frac{\mu_\varphi D_\vartheta}{h s_k \cot\alpha}(v_{k+1}-v_{k-1}) + \frac{D_\vartheta}{s_k^2 \cot\alpha}v_k + \frac{D_\vartheta}{s_k^2 \cot^2\alpha}w_k + \frac{1}{h}(g_{k+1}-g_{k-1}) + \frac{g_k}{s_k} + Z = 0 \quad (16.2)$$

$$\frac{K_\varphi}{2h^3}(-w_{k-2}+2w_{k-1}-2w_{k+1}+w_{k+2}) + \frac{1}{h^2}(w_{k-1}-2w_k+w_{k+1})\cdot$$
$$\cdot\left[\frac{1}{h}(K_{\varphi_{k+1}}-K_{\varphi_{k-1}}) + \frac{K_\varphi}{s_k}(1+\mu_\vartheta) - \frac{K_\vartheta \mu_\varphi}{s_k}\right] + \frac{1}{h}(w_{k+1}-w_{k-1})\cdot$$
$$\cdot\left[\frac{\mu_\vartheta}{s_k h}(K_{\varphi_{k+1}}-K_{\varphi_{k-1}}) - \frac{K_\vartheta}{s_k^2}\right] - f_k = 0 \quad (16.3)$$

bzw.

$$n_\varphi = D_\varphi\left[\frac{1}{h}(v_{k+1}-v_{k-1}) + \mu_\vartheta \frac{v_k \cot\alpha + w_k}{r_\vartheta}\right] \quad (17.1)$$

$$n_\vartheta = D_\vartheta\left[\frac{v_k \cot\alpha + w_k}{r_\vartheta} + \frac{\mu_\varphi}{h}(v_{k+1}-v_{k-1})\right] \quad (17.2)$$

$$m_\varphi = K_\varphi\left[\frac{1}{h^2}(w_{k-1}-2w_k+w_{k+1}) + \frac{\mu_\vartheta \cot\alpha}{r_\vartheta h}(w_{k+1}-w_{k-1})\right] \quad (17.3)$$

$$m_\vartheta = K_\vartheta\left[\frac{\cot\alpha}{r_\vartheta h}(w_{k+1}-w_{k-1}) + \frac{\mu_\varphi}{h^2}(w_{k-1}-2w_k+w_{k+1})\right] \quad (17.4)$$

3.4.2 Rand- und Übergangsbedingungen

Für die Endpunkte der Schale werden zusätzlich zu den Gleichgewichtsbedingungen noch Randbedingungen formuliert. Es sind für jeden Rand <u>drei</u> Aussagen über die Verformungen, die Schnittgrößen oder Kombinationen derselben möglich. Angaben über die Größen v, w und q können direkt angeschrieben werden, alle anderen Randwerte müssen in Abhängigkeit davon ausgedrückt werden.

3.4.3 Rechnungsgang

Aus den Gleichgewichtsbedingungen (14.1) bis (14.3) bzw. (16.1) bis (16.3) und den gegebenenfalls mittels der Differenzenquotienten gemäß Tab. 1 umzuwandelnden Randbedingungsaussagen sowie den Übergangsbedingungen für den aus Zylinderschale und Kegelschale zusammengesetzten Versuchskörper, ergibt sich das zur Berechnung der Ordinaten v_k, w_k und q_k dienende algebraische Gleichungssystem.

Werden für einen Rand- oder Übergangspunkt sowohl Gleichgewichts- als auch Rand- oder Übergangsbedingungen formuliert, ist die Einführung von "Nebenpunkten" außerhalb der eigentlichen Schalenbereiche erforderlich, um die Eindeutigkeit des Gleichungssystems zu sichern.

Nach der Berechnung der Werte v_k, w_k und q_k für alle diskreten Schalenpunkte können die Schnittkräfte mit Hilfe der Schnittkraftverschiebungsgleichungen (15.1) bis (15.4) bzw. (17.1) bis (17.4) ermittelt werden.

4. Numerische Berechnung orthotroper Rotationsschalen unter periodischer Belastung

Wie aus Bild 5 hervorgeht, ist zur Erfassung einer Einzelstützenlagerung dem im Abschnitt 3 beschriebenen rotationssymmetrischen Spannungs- und Formänderungszustand ein in ϑ periodischer Spannungs- und Formänderungszustand zu überlagern.

Die entsprechenden Grundbeziehungen sollen nachstehend bereitgestellt werden.

4.1 Schalengrundgleichungen der Kreiszylinderschale

Für das Zylinderschalenelement gemäß Bild 11 mit den darin definierten Schnittgrößen gelten nach [4] mit den abkürzenden Schreibweisen

$$(\ldots)^\circ = \frac{\partial (\ldots)}{\partial y} , \tag{18.1}$$

$$(\ldots)' = \frac{\partial (\ldots)}{\partial \vartheta} , \tag{18.2}$$

folgende fünf Gleichgewichtsbedingungen:

$$n_y^\circ + \frac{1}{a} n_{\vartheta y}' + Y = 0 , \tag{19.1}$$

$$q_y^\circ + \frac{1}{a} q_\vartheta' + \frac{1}{a} n_\vartheta + Z = 0 , \tag{19.2}$$

$$n_{y\vartheta}^\circ + \frac{1}{a} n_\vartheta' + X = 0 , \tag{19.3}$$

$$m_y^\circ + \frac{1}{a} m_{\vartheta y}' - q_y = 0 , \tag{19.4}$$

$$m_{y\vartheta}^\circ + \frac{1}{a} m_\vartheta' - q_\vartheta = 0 . \tag{19.5}$$

Aus den beiden letzten Gleichgewichtsbedingungen lassen sich die Querkräfte q_y und q_ϑ explizit darstellen.

Setzt man diese Aussagen in die ersten drei Gleichgewichtsbedingungen ein, so folgt

$$n_y^\bullet + \frac{1}{a} n'_{\vartheta y} + Y = 0 , \qquad (20.1)$$

$$n_{y\vartheta}^\bullet + \frac{1}{a} n'_{\vartheta} + X = 0 , \qquad (20.2)$$

$$\frac{1}{a} n_\vartheta + m_y^{\bullet\bullet} + \frac{2}{a} m_{y\vartheta}^{\bullet\prime} + \frac{1}{a^2} m''_\vartheta + Z = 0 . \qquad (20.3)$$

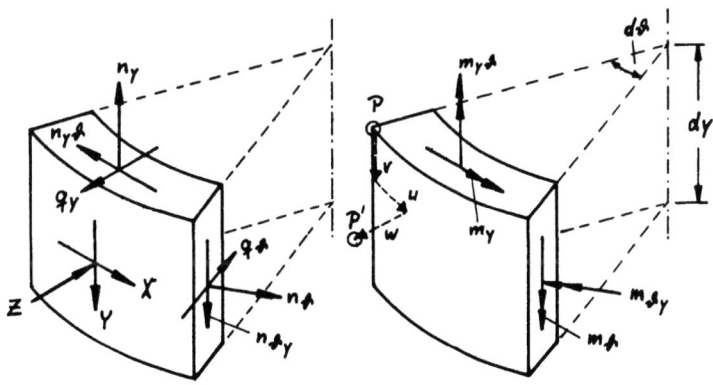

Bild 11

Mit den Verzerrungs - Verschiebungsaussagen [4]

$$\varepsilon_y = v^\bullet , \qquad (21.1)$$

$$\varepsilon_\vartheta = \frac{1}{a} (u' + w) , \qquad (21.2)$$

$$\varepsilon_{y\vartheta} = (u^\bullet + \frac{1}{a} v') ; \qquad (21.3)$$

und den Krümmungs - Verschiebungsaussagen

$$\varkappa_y = w^{\bullet\bullet} , \qquad (22.1)$$

$$\varkappa_\vartheta = \frac{1}{a^2} w'' , \qquad (22.2)$$

$$\varkappa_{y\vartheta} = \frac{1}{a} w'^\bullet , \qquad (22.3)$$

lassen sich die Schnittkräfte wie folgt darstellen:

$$n_y = D_y (\varepsilon_y + \mu_x \varepsilon_x), \qquad (23.1)$$

$$n_x = D_x (\varepsilon_x + \mu_y \varepsilon_y), \qquad (23.2)$$

$$n_{yx} = D_{yx} \frac{1-\mu_{yx}}{2} \varepsilon_{yx}, \qquad (23.3)$$

bzw.

$$m_y = K_y (\varkappa_y + \mu_x \varkappa_x), \qquad (24.1)$$

$$m_x = K_x (\varkappa_x + \mu_y \varkappa_y), \qquad (24.2)$$

$$m_{yx} = K_{yx} (1-\mu_{yx}) \varkappa_{yx}. \qquad (24.3)$$

Dabei sind analog (8.1) und (8.2)

$$D_y = \frac{h E_y}{(1-\mu_y \mu_x)}, \qquad (25.1)$$

$$D_x = \frac{h E_x}{(1-\mu_y \mu_x)}, \qquad (25.2)$$

$$D_{yx} = \sqrt{D_y D_x}, \qquad (25.3)$$

die Dehnsteifigkeiten und analog (8.3) und (8.4)

$$K_y = \frac{h^3 E_y}{12(1-\mu_y \mu_x)}, \qquad (25.4)$$

$$K_x = \frac{h^3 E_x}{12(1-\mu_y \mu_x)}, \qquad (25.5)$$

$$K_{yx} = \sqrt{K_y K_x}, \qquad (25.6)$$

die Biegesteifigkeiten. Die unsymmetrischen Glieder D_{yx} und K_{yx} sind den entsprechenden Ausdrücken gemäß [5] für Platten entlehnt.

Es gelten die Zusammenhänge

$$D_y \mu_\vartheta = D_\vartheta \mu_y, \qquad (25.7)$$

$$K_y \mu_\vartheta = K_\vartheta \mu_y, \qquad (25.8)$$

$$\mu_{y\vartheta} = \sqrt{\mu_y \mu_\vartheta}. \qquad (25.9)$$

In ausführlicher Schreibweise gilt

$$n_y = D_y \left(v^\bullet + \frac{\mu_\vartheta}{a}(u'+w) \right), \qquad (26.1)$$

$$n_\vartheta = D_\vartheta \left(\frac{1}{a}(u'+w) + \mu_y v^\bullet \right), \qquad (26.2)$$

$$n_{y\vartheta} = D_{y\vartheta} \frac{1-\mu_{y\vartheta}}{2}\left(u^\bullet + \frac{v'}{a} \right). \qquad (26.3)$$

bzw.

$$m_y = K_y \left(w^{\bullet\bullet} + \frac{\mu_\vartheta}{a^2} w'' \right), \qquad (27.1)$$

$$m_\vartheta = K_\vartheta \left(\frac{w''}{a^2} + \mu_y w^{\bullet\bullet} \right), \qquad (27.2)$$

$$m_{y\vartheta} = K_{y\vartheta}(1-\mu_{y\vartheta}) \frac{w^{\bullet\prime}}{a}. \qquad (27.3)$$

Unter Verwendung der Gleichgewichtsbedingung (19.4) erhält man die Aussage

$$q_y = K_y \left(w^{\bullet\bullet\bullet} + \frac{\mu_\vartheta}{a^2} w''^\bullet \right) + K_{y\vartheta}(1-\mu_{y\vartheta}) \frac{w^{\bullet\prime\prime}}{a^2}. \qquad (27.4)$$

Durch Einsetzen der Schnittkraft - Verschiebungsgleichungen (26) und (27) ergeben sich die drei Flüggeschen Differentialgleichungen

$$D_y \left(v^{\bullet\bullet} + \frac{\mu_\vartheta}{a}(u'^\bullet + w^\bullet) \right) + D_{y\vartheta} \frac{1-\mu_{y\vartheta}}{2a}\left(u'' + \frac{v'}{a} \right) + Y = 0, \qquad (28.1)$$

$$D_{y\vartheta} \frac{1-\mu_{y\vartheta}}{2}\left(u^{\bullet\bullet} + \frac{v'^\bullet}{a} \right) + \frac{D_\vartheta}{a}\left(\frac{1}{a}(u''+w') + \mu_y v^{\bullet\prime} \right) + X = 0, \qquad (28.2)$$

$$\frac{D_\vartheta}{a}\left(\frac{1}{a}(u'+w) + \mu_y v^\bullet \right) + K_y \left(w^{\bullet\bullet\bullet\bullet} + \frac{\mu_\vartheta}{a^2} w''^{\bullet\bullet} \right) +$$

$$+ 2 K_{y\vartheta} \frac{1-\mu_{y\vartheta}}{a^2} w^{\bullet\bullet\prime\prime} + \frac{K_\vartheta}{a^2}\left(\frac{w''''}{a^2} + \mu_y w''^{\bullet\bullet} \right) + Z = 0. \qquad (28.3)$$

In den vorstehenden Gleichungen wurde aus Gründen der Rotationssymmetrie berücksichtigt, daß

$$D_y' - D_\vartheta' = D_{y\vartheta}' = K_y' = K_\vartheta' = K_{y\vartheta}' = 0. \tag{29}$$

Ferner wurde vorausgesetzt, daß sich die Steifigkeiten in y-Richtung nur geringfügig ändern, sodaß u.a.

$$(D_y n_y)^\circ \approx D_y n_y^\circ, \tag{30.1}$$

$$(K_y m_y)^\circ \approx K_y m_y^\circ. \tag{30.2}$$

4.2 Schalengrundgleichungen der Kegelschale

In Bild 12 ist ein Kegelschalenelement mit den zugehörigen Schnittgrößen dargestellt. Hierfür gelten nach /4/ folgende fünf Gleichgewichtsbedingungen

$$(n_y\, y)^\circ + n_{\vartheta y}' \frac{1}{\cos\alpha} - n_\vartheta + Yy = 0, \tag{31.1}$$

$$(q_y\, y)^\circ + q_\vartheta' \frac{1}{\cos\alpha} + n_\vartheta \tan\alpha + Zy = 0, \tag{31.2}$$

$$n_{\vartheta y} + (n_{y\vartheta}\, y)^\circ + n_\vartheta' \frac{1}{\cos\alpha} + Xy = 0, \tag{31.3}$$

$$(m_y\, y)^\circ + m_{\vartheta y}' \frac{1}{\cos\alpha} - m_\vartheta - q_y\, y = 0, \tag{31.4}$$

$$(m_{y\vartheta}\, y)^\circ + m_\vartheta' \frac{1}{\cos\alpha} + m_{\vartheta y} - q_\vartheta\, y = 0. \tag{31.5}$$

Setzt man die aus der vierten und fünften Gleichgewichtsbedingung ermittelbaren Ausdrücke für die Querkraft q_y und q_ϑ in die drei ersten Gleichgewichtsbedingungen ein, so ergibt sich

$$(n_y\, y)^\circ + n_{\vartheta y}' \frac{1}{\cos\alpha} - n_\vartheta + Yy = 0, \tag{32.1}$$

$$n_{y\vartheta} + (n_{y\vartheta}\, y)^\circ + n_\vartheta' \frac{1}{\cos\alpha} + Xy = 0, \tag{32.2}$$

$$\{(m_y\, y)^\circ + m_{\vartheta y}' \frac{1}{\cos\alpha} - m_\vartheta\}^\circ + \frac{1}{\cos\alpha} \{\frac{1}{y}((m_{y\vartheta}\, y)^\circ +$$
$$+ m_\vartheta' \frac{1}{\cos\alpha} + m_{\vartheta y})\} + n_\vartheta' \tan\alpha + Zy = 0. \tag{32.3}$$

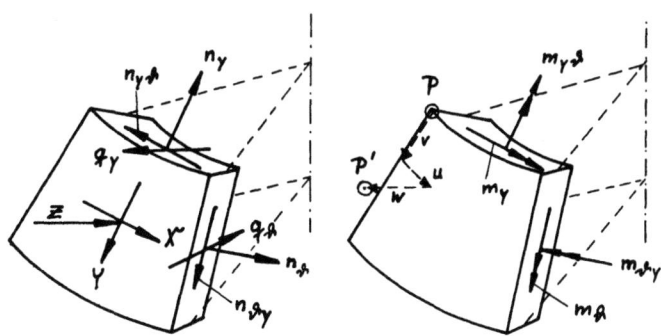

Bild 12

Mit Hilfe der Verzerrungs - Verformungsbeziehungen

$$\varepsilon_y = v^\circ , \tag{33.1}$$

$$\varepsilon_\vartheta = \frac{1}{y} (\frac{u'}{\cos\alpha} + v + w \tan\alpha) , \tag{33.2}$$

$$\varepsilon_{y\vartheta} = u^\circ - \frac{u}{y} + \frac{v'}{y\cos\alpha} , \tag{33.3}$$

und den Krümmungs - Verschiebungsbeziehungen

$$\varkappa_y = w^{\circ\circ} , \tag{34.1}$$

$$\varkappa_\vartheta = (\frac{w''}{y^2 \cos\alpha} + \frac{w^\circ}{y}) , \tag{34.2}$$

$$\varkappa_{y\vartheta} = \frac{1}{y\cos\alpha} (w^{\circ\prime} - \frac{w'}{y}) , \tag{34.3}$$

ergeben sich nach (23) und (24) die Schnittkraft - Verschiebungsaussagen

$$n_y = D_y (v^\circ + \frac{\mu_\vartheta}{y} (\frac{u'}{\cos\alpha} + v + w \tan\alpha)) , \tag{35.1}$$

$$n_\vartheta = D_\vartheta (\frac{1}{y} (\frac{u'}{\cos\alpha} + v + w \tan\alpha) + \mu_y v^\circ) , \tag{35.2}$$

$$n_{y\vartheta} = D_{y\vartheta} \frac{1-\mu_{y\vartheta}}{2} (u^\circ - \frac{u}{y} + \frac{v'}{y\cos\alpha}) , \tag{35.3}$$

bzw.

$$m_y = K_y \left(w^{\circ\circ} + \mu_\vartheta \left(\frac{w''}{y^2 \cos^2\alpha} + \frac{w^\circ}{y} \right) \right), \qquad (36.1)$$

$$m_\vartheta = K_\vartheta \left(\frac{w''}{y^2 \cos^2\alpha} + \frac{w^\circ}{y} + \mu_y w^{\circ\circ} \right), \qquad (36.2)$$

$$m_{y\vartheta} = K_{y\vartheta} \frac{1-\mu_{y\vartheta}}{y \cos\alpha} \left(w^{\circ\prime} - \frac{w'}{y} \right). \qquad (36.3)$$

Für die Querkraft q_y gilt

$$q_y = \frac{1}{y} \left\{ K_y \left(w^{\circ\circ\circ} y + w^{\circ\circ} + \mu_\vartheta \left(\frac{w^{\circ\prime\prime}}{y \cos^2\alpha} - \frac{w''}{y^2 \cos^2\alpha} + w^{\circ\circ} \right) \right) + \right.$$
$$+ K_{y\vartheta} \frac{1-\mu_{y\vartheta}}{y \cos^2\alpha} \left(w^{\circ\prime\prime} - \frac{w''}{y} \right) -$$
$$\left. - K_\vartheta \left(\frac{w''}{y^2 \cos^2\alpha} + \frac{w^\circ}{y} + \mu_y w^{\circ\circ} \right) \right\}. \qquad (36.4)$$

Schließlich erhält man die Flüggeschen Differentialgleichungen zu

$$D_y \left(v^{\circ\circ} y + v^\circ + \mu_\vartheta \left(\frac{u^{\prime\circ}}{\cos\alpha} + v^\circ + w^\circ \tan\alpha \right) \right) +$$
$$+ D_{y\vartheta} \frac{1-\mu_{y\vartheta}}{2 \cos\alpha} \left(u^{\circ\prime} - \frac{u'}{y} + \frac{v''}{y \cos\alpha} \right) -$$
$$- D_\vartheta \left(\frac{1}{y} \left(\frac{u'}{\cos\alpha} + v + w \tan\alpha \right) + \mu_y v^\circ \right) + Yy = 0, \qquad (37.1)$$

$$D_{y\vartheta} \frac{1-\mu_{y\vartheta}}{2} \left(u^{\circ\circ} y + \frac{v^{\prime\circ}}{\cos\alpha} + u^\circ + \frac{1}{y} \left(\frac{v'}{\cos\alpha} - u \right) \right) +$$
$$+ \frac{D_\vartheta}{\cos\alpha} \left(\frac{1}{y} \left(\frac{u''}{\cos\alpha} + v' + w' \tan\alpha \right) + \mu_y v^{\prime\circ} \right) + Xy = 0, \qquad (37.2)$$

$$w^{\circ\circ\circ\circ} y K_y + w^{\circ\circ\circ} \left(2 K_y + \mu_\vartheta K_y - K_\vartheta \mu_y \right) +$$
$$+ \frac{w^{\circ\circ\prime\prime}}{y \cos^2\alpha} \left(2 K_{y\vartheta} (1-\mu_{y\vartheta}) + \mu_\vartheta K_y + \mu_y K_\vartheta \right) -$$
$$- \frac{w^{\circ\circ}}{y} K_\vartheta + 2 \frac{w^{\circ\prime\prime}}{y^2 \cos^2\alpha} \left(K_y \mu_\vartheta - K_{y\vartheta} (1-\mu_{y\vartheta}) \right) +$$
$$+ \frac{w^\circ}{y^2} K_\vartheta + 2 \frac{w''}{y^3 \cos^2\alpha} \left(K_y \mu_\vartheta + K_{y\vartheta} (1-\mu_{y\vartheta}) + K_\vartheta \right) +$$
$$+ \frac{w''''}{y^3 \cos^4\alpha} K_\vartheta + D_\vartheta \tan\alpha \left(\frac{1}{y} \left(\frac{u'}{\cos\alpha} + v + w \tan\alpha \right) + \mu_y v^\circ \right) + Zy = 0. \qquad (37.3)$$

4.3 Numerische Lösung der Schalengleichungen

4.3.1 Reihenansatz für die ϑ-Richtung

Die von y und ϑ abhängigen Ausdrücke für die Schnittkräfte, Formänderungen und Belastungen werden zweckmäßig bezüglich ihrer Veränderlichkeit in ϑ-Richtung durch eine trigonometrische Reihe beschrieben.

Für das m-te Glied einer solchen Reihenentwicklung soll hiernach gelten:

$$u = u_m \sin m\vartheta, \tag{38.1}$$

$$v = v_m \cos m\vartheta, \tag{38.2}$$

$$w = w_m \cos m\vartheta, \tag{38.3}$$

$$\begin{aligned}
n_y &= n_{ym} \cos m\vartheta, & m_y &= m_{ym} \cos m\vartheta, \\
n_\vartheta &= n_{\vartheta m} \cos m\vartheta, & m_\vartheta &= m_{\vartheta m} \cos m\vartheta, \\
n_{y\vartheta} &= n_{y\vartheta m} \sin m\vartheta, & m_{y\vartheta} &= m_{y\vartheta m} \sin m\vartheta, \\
& & q_y &= q_{ym} \cos m\vartheta,
\end{aligned} \tag{39.1-7}$$

bzw.

$$Y = Y_m \cos m\vartheta, \tag{40.1}$$

$$X = X_m \sin m\vartheta, \tag{40.2}$$

$$Z = Z_m \cos m\vartheta. \tag{40.3}$$

Diese Ansatzform soll für die Kegelschale und die Kreiszylinderschale gelten.

Der Reihenansatz bewirkt, daß die Flüggeschen Differentialgleichungen (28.1) bis (28.3) und (37.1) bis (37.3) allein von y abhängig werden und damit das zweidimensionale Problem auf ein eindimensionales Problem reduziert wird.

4.3.2 Diskretisierung mittels finiter Differenzen

Zur Bestimmung der Verformungen und deren Gradienten in y-Richtung wird die Differenzenmethode bei Wahl jeweils gleicher Punktabstände längs der Meridianschnitte von Zylinder- und Kegelschale angewendet. Über die eigentlichen Randpunkte dieser Schalen hinaus werden bezüglich der Größen u_m und v_m ein, bezüglich der Größe w_m zwei Nebenpunkte gewählt (Bild 13). Die Funktionsverläufe für u_m und v_m lassen sich dann durch je $s + 3$ einzelne Ordinatenwerte, die Funktion w_m durch $s + 5$ Ordinatenwerte darstellen.

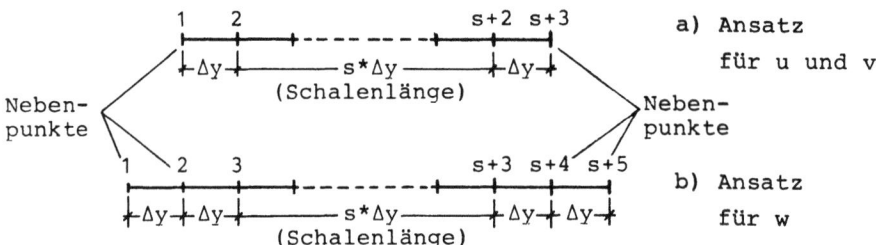

Bild 13

Die Bestimmungsgleichungen der Ordinatenwerte ergeben sich durch Umwandlung der nur von y abhängigen, modifizierten Flüggeschen Differentialgleichungen sowie der Randbedingungsaussagen in Differenzengleichungen. Die notwendigen Differenzenquotienten sind der Tabelle 1 zu entnehmen.

4.3.3 Randbedingungen

Pro Rand können je vier Größen angeschrieben werden. Dies sind Aussagen über

$$n_{ym} \quad oder \quad v_m,$$
$$n_{\vartheta ym} \quad oder \quad u_m,$$
$$m_{ym} \quad oder \quad \overset{\circ}{w}_m,$$
$$\bar{q}_m \quad oder \quad w_m.$$

$\bar{q}_m$ bezeichnet die Rand-Scherkraft, sie ist durch

$$\bar{q}_m = q_m + m\, m_{\vartheta ym} \qquad (41)$$

definiert.

Auf eine Darstellung des Systems der Differenzengleichungen wird hier verzichtet, da diese Gleichungen unmittelbar von den zugehörigen Differentialbeziehungen ins Computerprogramm umgesetzt werden können.

5. Der Kreisringträger unter periodischer Belastung

5.1 Grundgleichungen

In Bild 14 sind die Schnittkräfte, Belastungen und Verformungen eines rechteckförmigen Kreisringes in ihrem positiven Wirkungssinn dargestellt.

Unter Verwendung der in Beziehung (18) vereinbarten Schreibweise lauten die Schnittgrößen-Verformungsbeziehungen für einen homogenen elastischen Werkstoff

$$N = EA \left(\frac{u'}{a} + \frac{w}{a} \right), \tag{42.1}$$

$$M_w = EJ_w \left(\frac{w''}{a^2} - \frac{u'}{a^2} \right), \tag{42.2}$$

$$M_D = GJ_D \left(\frac{\varphi'}{a} - \frac{v'}{a^2} \right), \tag{42.3}$$

$$M_v = EJ_v \left(\frac{v''}{a^2} + \frac{\varphi}{a} \right). \tag{42.4}$$

Hierbei bedeuten

- E Elastizitätsmodul,
- G Schubmodul,
- A Querschnittsfläche des Kreisringes,
- I_w Trägheitsmoment um die v - Achse,
- I_v Trägheitsmoment um die w - Achse,
- I_D polares Trägheitsmoment.

Die Gleichgewichtsbedingungen des Kreisringes lauten

$$-\frac{N'}{a} + \frac{M_w'}{a^2} - \bar{p}_u = 0, \tag{43.1}$$

$$\frac{M_D'}{a^2} + \frac{M_v''}{a^2} - \bar{p}_v = 0, \tag{43.2}$$

$$\frac{N}{a} + \frac{M_w''}{a^2} - \bar{p}_w = 0, \tag{43.3}$$

$$-\frac{M_D'}{a} + \frac{M_v}{a} - m_D = 0, \tag{43.4}$$

mit den Lasten

$$\bar{p}_u = p_u - \frac{m_w}{a},\qquad(44.1)$$

$$\bar{p}_v = p_v - \frac{m_v'}{a},\qquad(44.2)$$

$$\bar{p}_w = p_w - \frac{m_w'}{a}.\qquad(44.3)$$

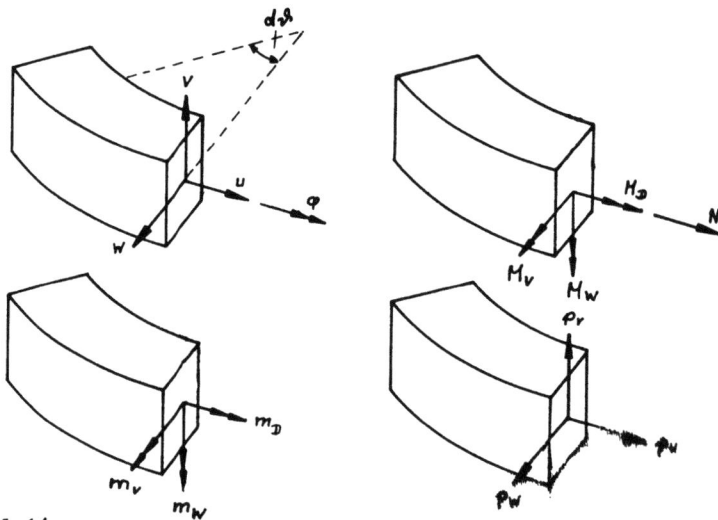

Bild 14

5.2 Grundgleichungen in Reihendarstellung

Entsprechend dem in Abschnitt (4.3) für die Kreiszylinder- und Kegelschale gewählten trigonometrischen Reihenansatzes bezüglich der Verformungen, Schnittkräfte und Belastungen werden nun bezüglich des Kreisringes folgende Beziehungen für die Veränderlichkeit in ϑ-Richtung gewählt:

$u = u_m \sin m\vartheta,\quad(45.1)\qquad N = N_m \cos m\vartheta,\quad(46.1)$

$v = v_m \cos m\vartheta,\quad(45.2)\qquad M_w = M_{wm} \cos m\vartheta,\quad(46.2)$

$w = w_m \cos m\vartheta,\quad(45.3)\qquad M_v = M_{vm} \cos m\vartheta,\quad(46.3)$

$\varphi = \varphi_m \cos m\vartheta,\quad(45.4)\qquad M_D = M_{Dm} \sin m\vartheta,\quad(46.4)$

$$\bar{p}_u = \bar{p}_{um} \sin m\vartheta,\qquad(47.1)$$

$$\bar{p}_v = \bar{p}_{vm} \cos m\vartheta,\qquad(47.2)$$

$$\bar{p}_w = \bar{p}_{wm} \cos m\vartheta.\qquad(47.3)$$

Der in den Beziehungen (45) bis (47) zum Ausdruck gebrachte
Fourierreihenansatz gestattet es, die Differentialaussagen
(42) und (43) in gewöhnliche Beziehungen zu überführen. Die
Schnittgrößen-Verformungsbeziehungen (42) gehen damit über in

$$N_m = EA \left(\frac{m\, u_m}{a} + \frac{w_m}{a} \right), \tag{48.1}$$

$$H_{wm} = EJ_w \left(-\frac{m^2 w_m}{a^2} - \frac{m\, u_m}{a^2} \right), \tag{48.2}$$

$$M_{Dm} = GJ_D \left(-\frac{m\, \varphi_m}{a} + \frac{m\, v_m}{a^2} \right), \tag{48.3}$$

$$H_{vm} = EJ_v \left(-\frac{m^2 v_m}{a^2} + \frac{\varphi_m}{a} \right). \tag{48.4}$$

Für die Gleichgewichtsbedingungen (43) erhält man

$$\frac{m\, N_m}{a} - \frac{m\, H_{wm}}{a^2} - \bar{p}_{um} = 0, \tag{49.1}$$

$$\frac{m\, M_{Dm}}{a^2} - \frac{m^2 H_{vm}}{a^2} - \bar{p}_{vm} = 0, \tag{49.2}$$

$$\frac{N_m}{a} - \frac{m^2 H_{wm}}{a^2} - \bar{p}_{wm} = 0, \tag{49.3}$$

$$-\frac{m\, M_{Dm}}{a} + \frac{H_{vm}}{a} - m_{Dm} = 0. \tag{49.4}$$

5.3 Lösung der Grundgleichungen

Nach Einsetzen von (48) in die Gleichgewichtsbedingungen (49)
ergeben sich folgende Bestimmungsgleichungen für die Verformungen u_m, v_m, w_m und φ_m

$$EA \left(\frac{m^2 u_m}{a^2} + \frac{m\, w_m}{a^2} \right) + EJ_w \left(\frac{m^3 w_m}{a^4} + \frac{m^2 u_m}{a^4} \right) - \bar{p}_{um} = 0, \tag{50.1}$$

$$EA \left(\frac{m\, u_m}{a^2} + \frac{w_m}{a^2} \right) + EJ_w \left(\frac{m^4 w_m}{a^4} + \frac{m^3 u_m}{a^4} \right) - \bar{p}_{wm} = 0, \tag{50.2}$$

$$GJ_D \left(-\frac{m^2 \varphi_m}{a^3} + \frac{m^2 v_m}{a^4} \right) + EJ_v \left(\frac{m^4 v_m}{a^4} - \frac{m^2 \varphi_m}{a^3} \right) - \bar{p}_{vm} = 0, \tag{50.3}$$

$$GJ_D \left(\frac{m^2 \varphi_m}{a^2} - \frac{m^2 v_m}{a^3} \right) + EJ_v \left(-\frac{m^2 v_m}{a^3} + \frac{\varphi_m}{a^2} \right) - m_{Dm} = 0. \tag{50.4}$$

Das Gleichungssystem (50) ist für Reihenglieder m>1 lösbar,
und zwar gilt mit den Abkürzungen

$$\alpha_m = EA\, J_w\, \frac{1}{a^6} \left(m^6 - 2m^4 + m^2 \right), \tag{51.1}$$

$$\beta_m = EG\, J_D\, J_v\, \frac{1}{a^6} \left(m^6 - 2m^4 + m^2 \right), \tag{51.2}$$

für die Verschiebungskomponenten :

- 30 -

$$u_m = \frac{1}{\alpha_m} \left\{ \bar{p}_{um} \left(\frac{Am}{a^2} + \frac{J_w m^4}{a^4} \right) - \bar{p}_{wm} \left(\frac{Am}{a^2} + \frac{J_w m^3}{a^4} \right) \right\}, \quad (52.1)$$

$$w_m = \frac{1}{\alpha_m} \left\{ -\bar{p}_{um} \left(\frac{Am}{a^2} + \frac{J_w m^3}{a^4} \right) + \bar{p}_{wm} \left(\frac{A m^2}{a^2} + \frac{J_w m^2}{a^4} \right) \right\}, \quad (52.2)$$

$$v_m = \frac{1}{\beta_m} \left\{ \bar{p}_{vm} \left(\frac{GJ_D m^2}{a^2} + \frac{EJ_v}{a^2} \right) + m_{Dm} \left(\frac{GJ_D m^2}{a^3} + \frac{EJ_v m}{a^3} \right) \right\}, \quad (52.3)$$

$$\varphi_m = \frac{1}{\beta_m} \left\{ \bar{p}_{vm} \left(\frac{GJ_D m^2}{a^3} + \frac{EJ_v m}{a^3} \right) + m_{Dm} \left(\frac{GJ_D m^2}{a^4} + \frac{EJ_v m^4}{a^4} \right) \right\}. \quad (52.4)$$

Die Gleichungen (52.1) bis (52.4) geben die eindeutige Zuordnung zwischen den Belastungen des Kreisringes und dessen Verformungen wieder. Die Schnittgrößen des Ringes können mithilfe der aus Beziehung (52) gefundenen Weggrößen aus (48) berechnet werden.

5.4 Verschiebungen eines beliebigen Querschnittspunktes
    des Trägers

Die Verschiebungskomponenten u_m, v_m, und w_m sind auf den Schwerpunkt des Trägerquerschnittes bezogen. Es ist nun von Interesse, die Verschiebungen eines jeden beliebigen Punktes des Querschnittes zu kennen (Bild 15).

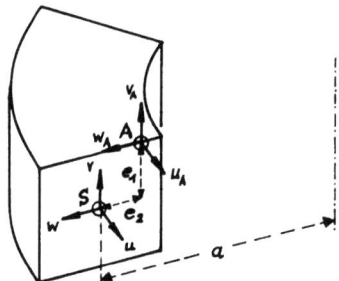

Bild 15

$$u_A = u + \frac{e_2}{a} (w' - u) - \frac{e_1}{a} v' \qquad (53.1)$$

$$w_A = w - e_1 \varphi \qquad (53.2)$$

$$v_A = v - e_2 \varphi \qquad (53.3)$$

bzw. in Reihendarstellung

$$u_{Am} = u_m - \frac{e_2}{a} (m w_m + u_m) + \frac{e_1}{a} m v_m \qquad (54.1)$$

$$w_{Am} = w_m - e_1 \varphi \qquad (54.2)$$

$$v_{Am} = v_m - e_2 \varphi \qquad (54.3)$$

6. Die statische Untersuchung der Gesamtkonstruktion unter periodischer Belastung

Die in Bild 1 dargestellte Konstruktion läßt sich zerlegen in drei unterschiedliche Elemente: Zylinderschale, Kegelschale und Kreisringträger. Für jede dieser einzelnen Konstruktionsteile sind in den beiden vorherigen Abschnitten die statischen Grundgleichungen dargelegt und der Weg zu ihrer Lösung aufgezeigt. Nachfolgend soll nun erläutert werden, wie sich die Behandlung des zuammengesetzten Systems anhand der Kraftgrößenmethode der Statik gestaltet.

6.1 Ansatz der statisch Überzähligen

In den Schnitten zwischen den verschiedenen drei Elementen werden gemäß Bild 16 jeweils vier statisch überzählige Größen angesetzt; es sind

die Längskräfte	X_{1m} ,	X_{5m} ,
die Schubkräfte	X_{2m} ,	X_{6m} ,
die Biegemomente	X_{3m} ,	X_{7m} ,
die Scherkräfte	X_{4m} ,	X_{8m} .

Der Verlauf dieser Größen in ϑ-Richtung wird mithilfe des in Abschnitt 4.3 aufgezeigten Fourierreihenansatzes beschrieben.

6.2 Belastungen und Randbedingungen der Einzelelemente

Für jedes Reihenglied $m \geq 2$ befindet sich das jeweils betrachtete Konstruktionselement unter dem Angriff der statisch Überzähligen X_{1m} bis X_{8m} im äußerlichen Gleichgewicht. Aus diesem Grunde ist es deshalb nicht nötig, bezüglich der hier behandelten statisch unbestimmten Rechnung das betrachtete Einzelelement vorab mindestens statisch bestimmt zu lagern

6.2.1 Kreiszylinder- und Kegelschale

Am Kreiszylinder und am Kegel greifen jeweils die statisch Überzähligen X_{1m} bis X_{4m} bzw. X_{5m} bis X_{8m} an, deren Wirkungen auf die entsprechenden Schalen getrennt voneinander für jedes Reihenglied m zu untersuchen sind. Die Randbedingungen der Schale beziehen sich unmittelbar auf die statisch Überzähligen und die durch sie hervorgerufenen Verformungen.

- 32 -

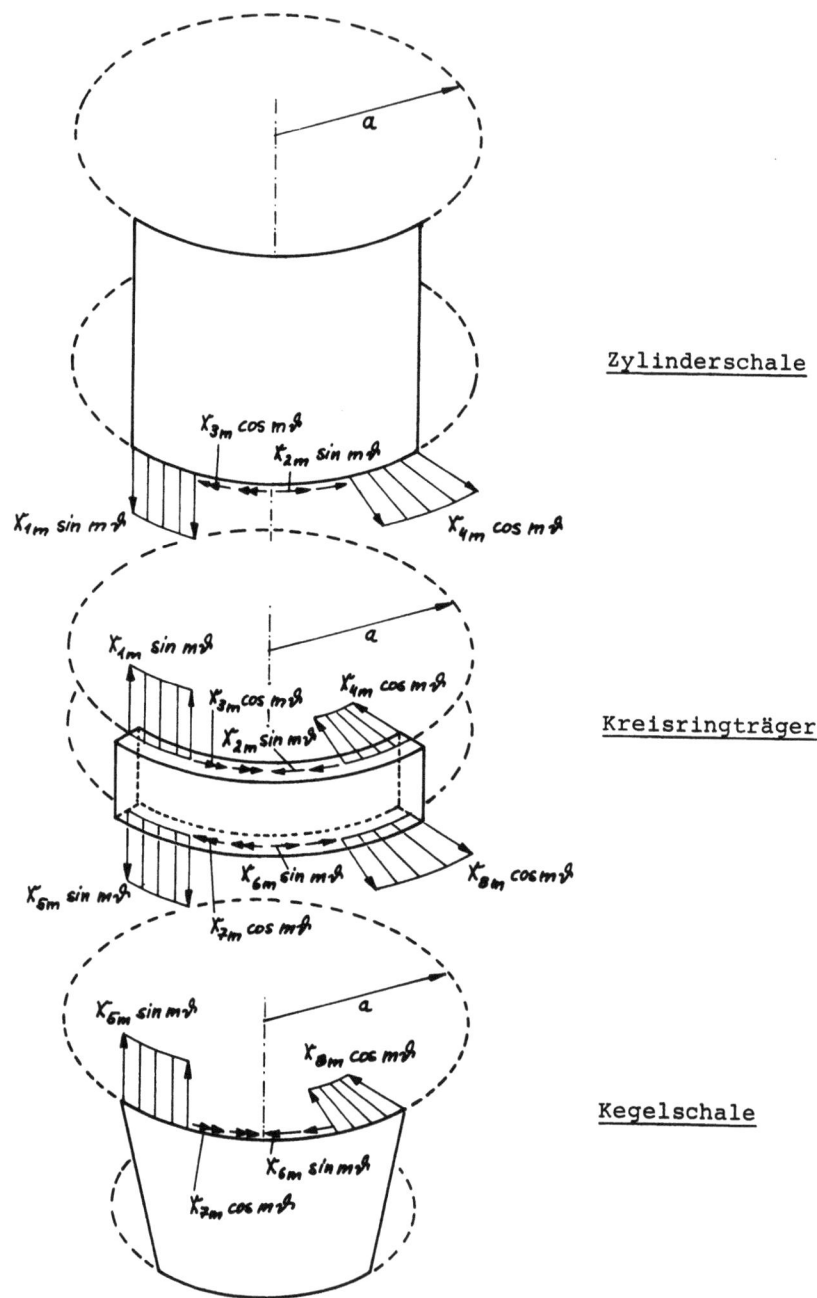

Bild 16 : Ansatz der statisch Überzähligen

6.2.2 Kreisringträger

Am Ringträger wirken sämtliche acht statisch Überzähligen. Da diese Kräfte und Momente nicht unmittelbar im Schwerpunkt S des Trägers angreifen, sind auf S bezogen gewisse Exzentrizitäten zu berücksichtigen.

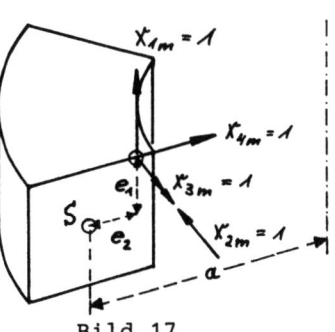

Bild 17

Die Einheitswirkungen der einzelnen Überzähligen lassen sich durch jeweils eine Gruppe statisch gleichwertiger Belastungen des Ringes ausdrücken. Für die Überzähligen $X_{1m}=X_{2m}=X_{3m}=X_{4m}=1$ gemäß Bild 17 sind dies z.B. die Lastgruppen

$$\left.\begin{array}{l}\bar{p}_u = 0 \\ \bar{p}_v = \alpha \\ \bar{p}_w = 0 \\ m_\vartheta = -e_2 \alpha\end{array}\right\} \quad \text{für } X_{1m}=1 \quad (55.1\text{-}4) \qquad \left.\begin{array}{l}\bar{p}_u = \alpha^2 \\ \bar{p}_v = m\alpha \dfrac{e_1}{a} \\ \bar{p}_w = -m\alpha \dfrac{e_2}{a} \\ m_\vartheta = 0\end{array}\right\} \quad \text{für } X_{2m}=1 \quad (56.1\text{-}4)$$

$$\left.\begin{array}{l}\bar{p}_u = 0 \\ \bar{p}_v = 0 \\ \bar{p}_w = 0 \\ m_\vartheta = -\alpha\end{array}\right\} \quad \text{für } X_{3m}=1 \quad (57.1\text{-}4) \qquad \left.\begin{array}{l}\bar{p}_u = 0 \\ \bar{p}_v = 0 \\ \bar{p}_w = -\alpha \\ m_\vartheta = e_1 \alpha\end{array}\right\} \quad \text{für } X_{4m}=1 \quad (58.1\text{-}4)$$

mit

$$\alpha = 1 - \frac{e_2}{a} . \qquad (59)$$

Die zugehörigen Verschiebungen folgen aus (52) durch Einsetzen der entsprechenden Lastgruppen.

6.3 Berechnung der statisch Überzähligen

Die Berechnung der statisch Überzähligen erfolgt nach der Kraftgrößenmethode. Die zu erfüllenden Verformungsbedingungen lauten im einzelnen unter Beachtung von Bild 18:

- 34 -

$$-u_z + u_{R,1} + u_{o,1} = 0 \tag{60.1}$$

$$-v_z + v_{R,1} + v_{o,1} = 0 \tag{60.2}$$

$$w_z - w_{R,1} - w_{o,1} = 0 \tag{60.3}$$

$$-\varphi_z - \varphi_R - \varphi_{o,1} = 0 \tag{60.4}$$

als Formänderungsaussage für den Schnitt zwischen Kreisring und Zylinderschale, bzw.

$$-u_{R,2} + u_k - u_{o,2} = 0 \tag{61.1}$$

$$-v_{R,2} \sin\alpha - w_{R,2} \cos\alpha + v_k - v_{o,2} \sin\alpha - w_{o,2} \cos\alpha = 0 \tag{61.2}$$

$$-v_{R,2} \cos\alpha + w_{R,2} \sin\alpha - w_k - v_{o,2} \cos\alpha + w_{o,2} \sin\alpha = 0 \tag{61.3}$$

$$\varphi_R + \varphi_k + \varphi_{o,2} = 0 \tag{61.4}$$

als Formänderungsaussage für den Schnitt zwischen Kreisring und Kegelschale. Dabei stellen die mit dem Index "o" gekennzeichneten Größen die durch äußere Belastung hervorgerufenen Formänderungen dar.

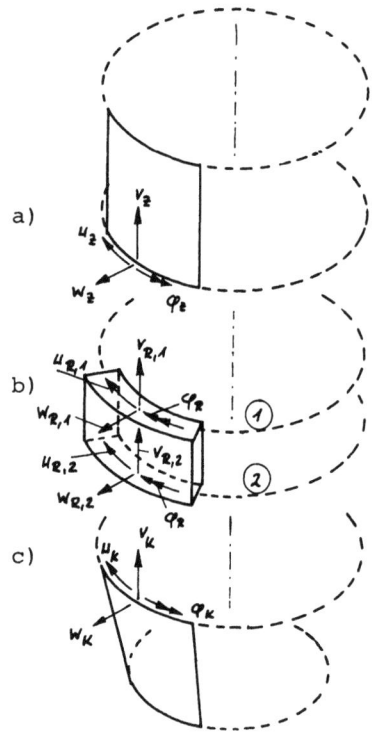

a)   Zylinderschale (z)

b)   Ringträger (r)

c)   Kegelschale (k)

Bild 18

7. Programmtechnische Aufbereitung

7.1 Programm für rotationssymmetrische Belastungs- und Spannungszustände

Mit dem in Abschnitt 3 vorgestellten Berechnungsverfahren lassen sich sowohl Einzelschalen als auch zusammengesetzte Schalentragwerke berechnen. Bei letzteren setzt sich das zu berechnende System der Differenzengleichungen aus den Gleichgewichtsbedingungen der einzelnen Teilschalen und den zugehörigen Rand- und Übergangsbedingungen zusammen. Dieses Gleichungssystem wird schon bei Koppelung weniger Teilschalen sehr umfangreich und erfordert im Hinblick auf die begrenzte Kapazität von Rechenanlagen besondere Lösungsmethoden.

Um für jede Einzelschale eine ausreichend feine Intervallteilung zur Verfügung zu haben, aber trotzdem den Bedarf an Speicherplatz und Rechenzeit gering zu halten, wird jeder Schalenabschnitt zunächst getrennt für sich betrachtet; die Teilschalen werden anschließend nach der Kraftgrößenmethode zusammengesetzt. Dies ermöglicht zugleich eine größere Flexibilität bei der Handhabung der Programme.

Das vereinfachte Ablaufdiagramm für das System der Versuchskörper (Bild 1) ist in Bild 19 dargestellt. Nach Eingabe der für ein Schalenteil erforderlichen Angaben bezüglich Geometrie, Material, Lagerung und Belastungszustand erfolgt entsprechend der jeweiligen Schalenform das Aufstellen der Gleichgewichts- und Randbedingungen. Die Lösung des Gleichungssystems liefert die gesuchten Größen, die die Ermittlung des Schnittkraft- und Formänderungszustandes für die Lastfälle äußere Last, Temperatur und Angriff von Einheitsrandkräften gestatten. Um die Kernspeicherkapazität des Rechners nicht zu überschreiten, werden die bis dahin gewonnenen Teilergebnisse auf peripheren Datenträgern zwischengespeichert. Die für die Aufstellung der Elastizitätsgleichungen zur Bestimmung der statisch unbestimmten Randkräfte erforderlichen Randformänderungen der Teilschale werden anschließend in die dafür vorgesehenen Positionen der Matrixelemente des Elastizitätsgleichungssystems eingesetzt. Sind alle Teilschalen in gleicher Weise bearbeitet, wird dieses Gleichungssystem gelöst. Mit den damit gefundenen, zur Herstellung der Kontinuität in den Schnitten dienenden Randschnittgrößen lassen sich dann unter Benutzung der Einheitszustände für die Teilschalen und den zugehörigen Belastungszuständen am Grundsystem die endgültigen Schnittkräfte und Formänderungen im Sinne der Kraftgrößenmethode errechnen. Die Endergebnisse werden zur Überlagerung mit den die Einzelstützung berücksichtigenden Werten auf einem weiteren peripheren Datenträger abgelegt.

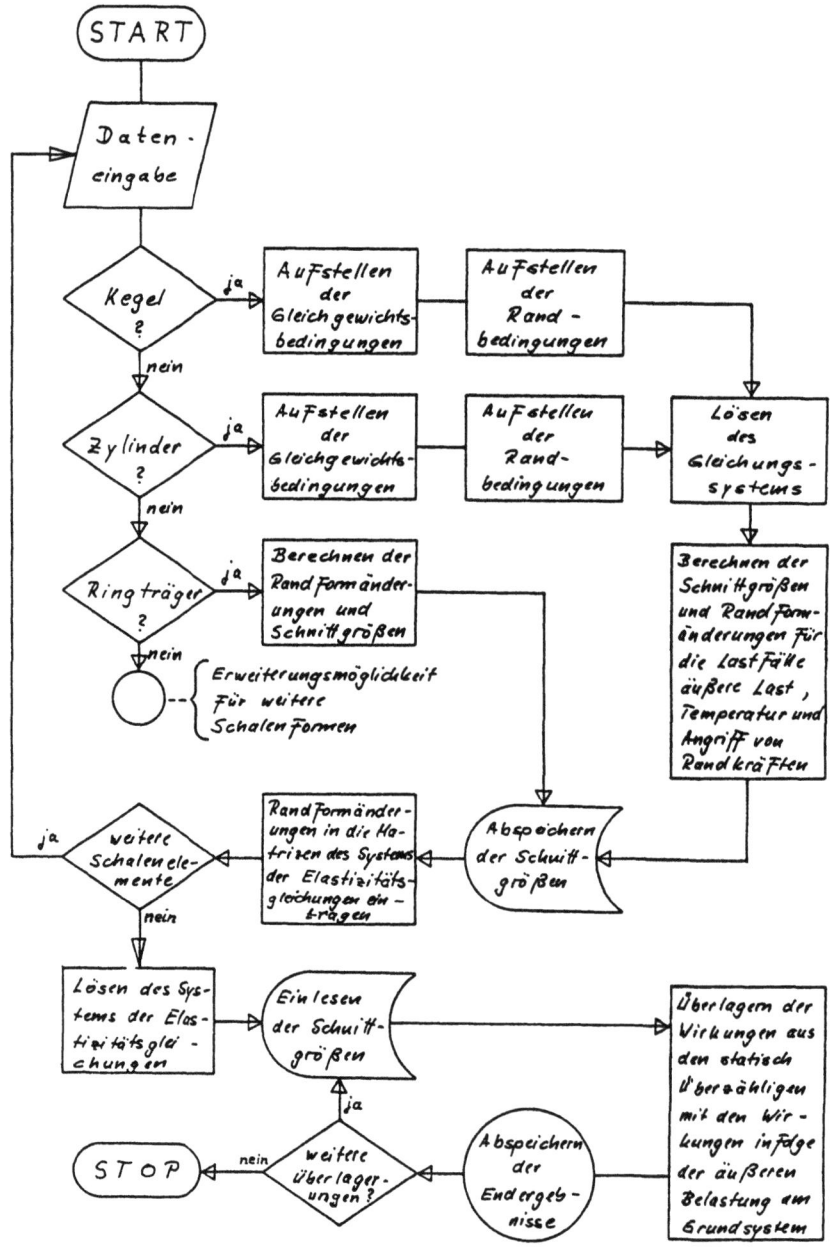

Bild 19

7.2 <u>Programm zur Berechnung einer im Auflager periodisch belasteten Schalenkonstruktion</u>

Dieses Programm beruht auf den in den Abschnitten 4 bis 6 entwickelten Gleichungen. Es berechnet zunächst für die Tragwerkselemente Zylinder, Kegel und Ringträger jeweils die Wirkung von über den Umfang periodisch angreifenden Einheitsrandschnitt-

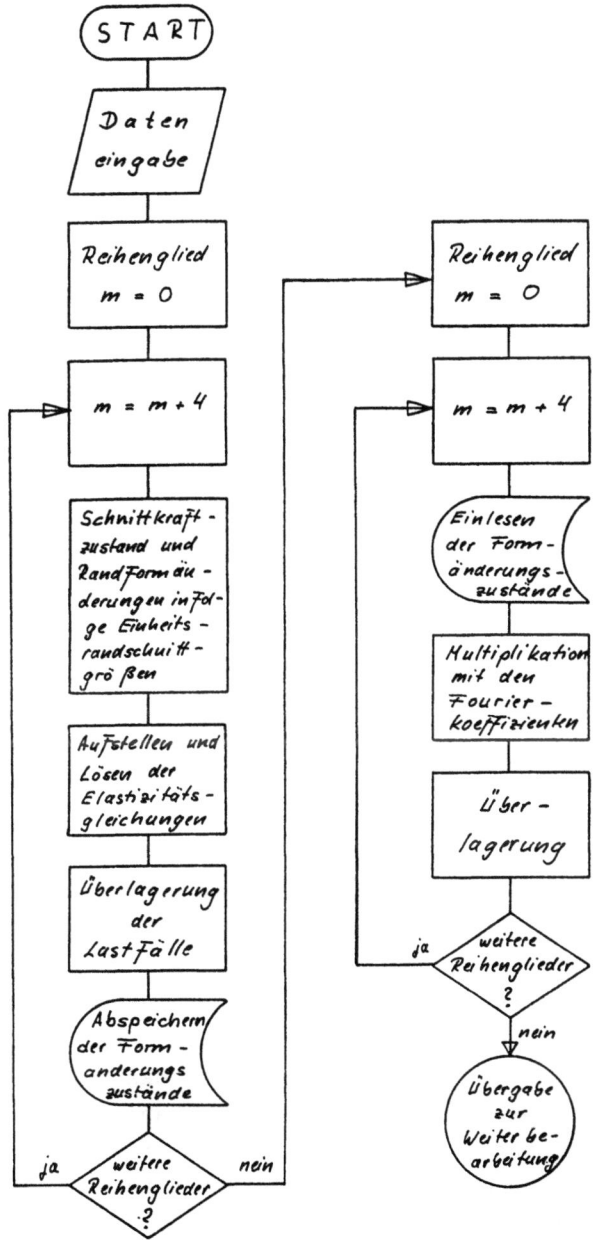

Bild 20

größen. Aus den sich daraus ergebenden Verformungen werden die
Elastizitätsgleichungen gebildet, die wie im Programm für Rotationssymmetrie der Ermittlung der tatsächlichen Randschnittgrößen nach der Kraftgrößenmethode dienen. Diese Prozedur wird nun
für verschiedene Reihenglieder m gemäß Abschnitt 4.1.3 durchgeführt, beginnend mit m=4. Die jeweiligen Schnittkraftzustände
werden wieder abgespeichert. Nach etwa fünf Durchgängen bringt
eine weitere Erhöhung der Reihengliederzahl keine beachtenswerten Veränderungen mehr. Jetzt werden die den einzelnen Reihengliedern zuzuordnenden Schnittkraftzustände wieder eingelesen,
mit den zugehörigen Koeffizienten der Fourierreihenentwicklung
multipliziert und dann miteinander überlagert (Bild 20). Die
Ergebnisse werden an ein drittes Programm übergeben, welches
die Werte der rotationssymmetrischen Lösung hinzuaddiert und
für die Ausgabe der Endergebnisse sorgt.

8. Vergleich zwischen Messung und Rechnung

In Zusammenarbeit des Instituts für Kunststoffverarbeitung an
der RWTH Aachen und des Lehr- und Forschungsgebietes Festigkeitsfragen des konstruktiven Ingenieurbaues der RWTH Aachen
wurde das Forschungsvorhaben:
"Berechnung von rotationssymmetrischen Schalen aus Kunststoff"
durchgeführt. Die getrennt abgefaßten Berichte über den jeweiligen Arbeitsbereich enthalten beide den gemeinsam erstellten
Teil: Vergleich zwischen Messung und Rechnung.

Die experimentelle Ermittlung der Materialkenndaten und die
Bauteilversuche werden im Forschungsbericht 3073 vorgestellt.

Gemessen wurde an zahlreichen systematisch über das Modellsilo
verteilten Stellen. Die Dehnungsmeßstreifen (DMS) waren an
Kegel und Zylinder jeweils in Reihe über bzw. unter der Mitte
eines gestützten und eines ungestützten Ringabschnittes angebracht. Eine Hälfte der DMS deckte dabei die Tangential-, die
andere die Meridianrichtung ab. Insgesamt wurden an drei
Modellsilos Versuche durchgeführt, jeweils unter anderen Bedingungen. Silo I wurde ungeschützt gegen das belastende Medium gelassen und war damit neben einer mechanischen Beanspruchung auch dem korrosiven Angriff von Wasser ausgesetzt. Die
Meßergebnisse sind daher nicht für einen direkten Vergleich
mit o.g. Rechenprogramm geeignet.

Silo II wurde mit einer diffusionsdichten Metallfolie derart
ausgekleidet, daß seine Innenseite wirkungsvoll gegen Wassereinfluß geschützt war. Etwa 360 h nach Belastungsbeginn wurde
die Temperatur innerhalb von 4 Tagen wieder auf 30 °C gesenkt
und bis zum Ende der Messungen zum Zeitpunkt t = 1000 h beibehalten.

An Silo III wurde sofort nach Einfüllen des Wassers mit den Messungen begonnen. Anschließend wurde der Innendruck stufenweise
auf 1,2 bar erhöht. Um den Verformungszustand von Silo III mit
dem von Silo II vergleichen zu können, wurde bei diesem Überlastversuch die Zylinderwand mittels eines schwimmenden Deckels
und einer geeigneten Abstützung frei von Axialkräften gehalten.

Grundlage für die Vergleichsrechnung waren die im Rahmen des
Versuchsprogramms an einem vierten Modellsilo ermittelten Materialkennwerte, die in Form von Kriechmodulkurven vorlagen.
Die Rechnung lieferte sämtliche Schnittgrößen sowie Spannungen
und Dehnungen der Innen-, Außen- Mittelfaser für 54 äquidistante Punkte der Meridiankurve auf dem Zylinder und 36 am Kegel.
Berücksichtigt wurden die Lastfälle Wasserfüllung und gleichmäßige Erwärmung sowie die sich unter Lasteinwirkung verändernden Materialkenngrößen und die von der rotationssymmetrischen
Auflagerung abweichende Einzelstützung. In den nachfolgenden
Diagrammen (Bild 21 - 26) sind die aus Rechnung und Messung
gewonnenen Dehnungswerte der Außenfaser in tangentialer und
axialer Richtung für die wichtigsten Zustände gegenübergestellt.

Allgemein läßt sich der Verlauf beschreiben durch nach unten
hin zunehmende Umfangsdehnung des zylindrischen Teiles, hervorgerufen durch den mit der Tiefe ansteigenden hydrostatischen
Druck und den damit verbundenen größer werdenden Ringzugkräften.
Über die Querkontraktion erfuhr dieser Abschnitt eine gleichartig verlaufende Stauchung.

Im unteren, durch Wandstärkensprung und Ringträgeranschluß gestörten Bereich des Zylinders sinken die Dehnungen in Umfangsrichtung wieder ab. Hier traten als Folge der unterbrochenen
Stützung auch Axialspannungen auf, die zusammen mit Momentwirkungen in Umfangs- und Meridianrichtung für einen variierenden Dehnungsverlauf auf der mit Meßstreifen belegten Außenseite
sorgten.

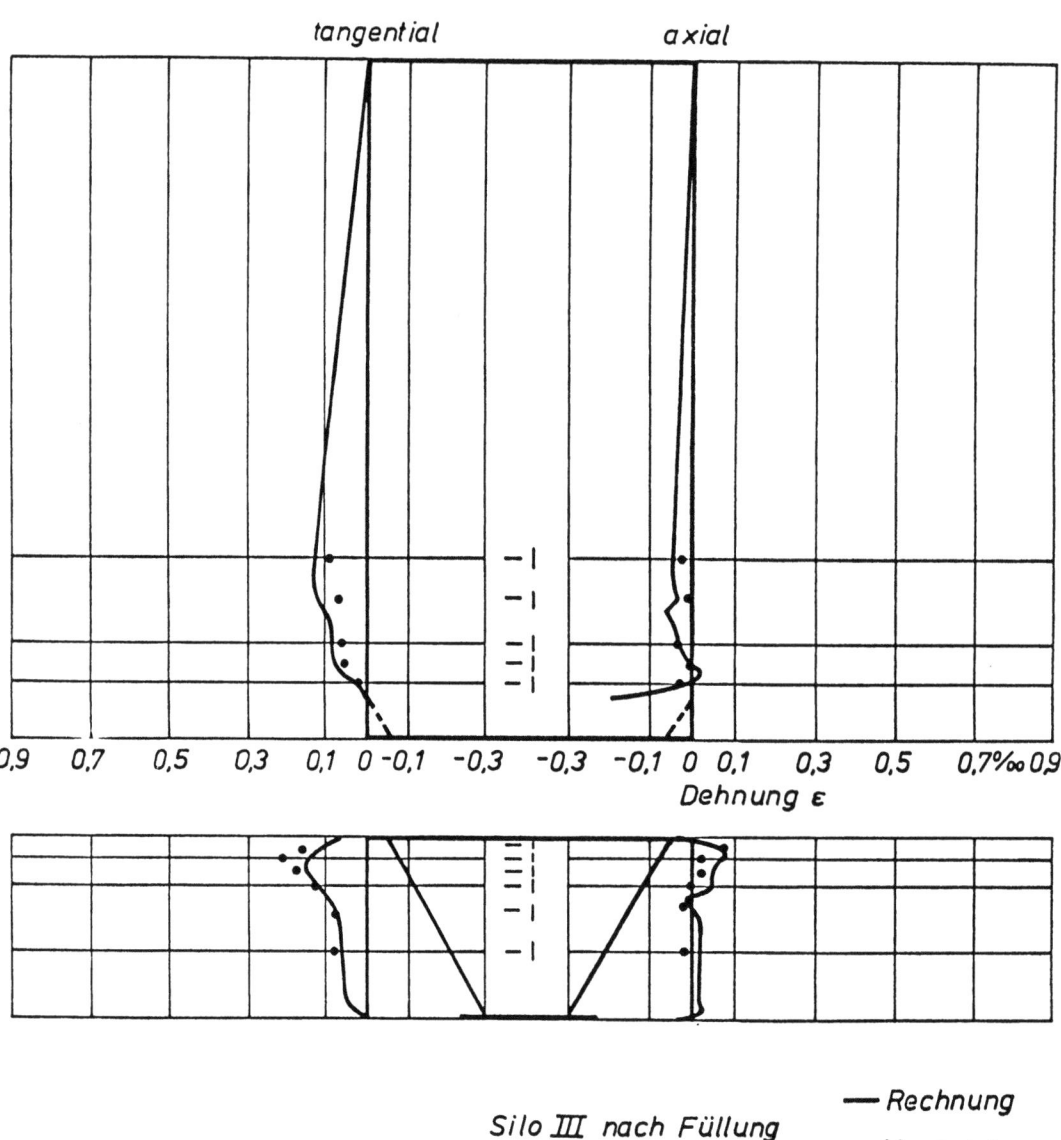

Bild 21: Verformungsverhalten des Modellsilos

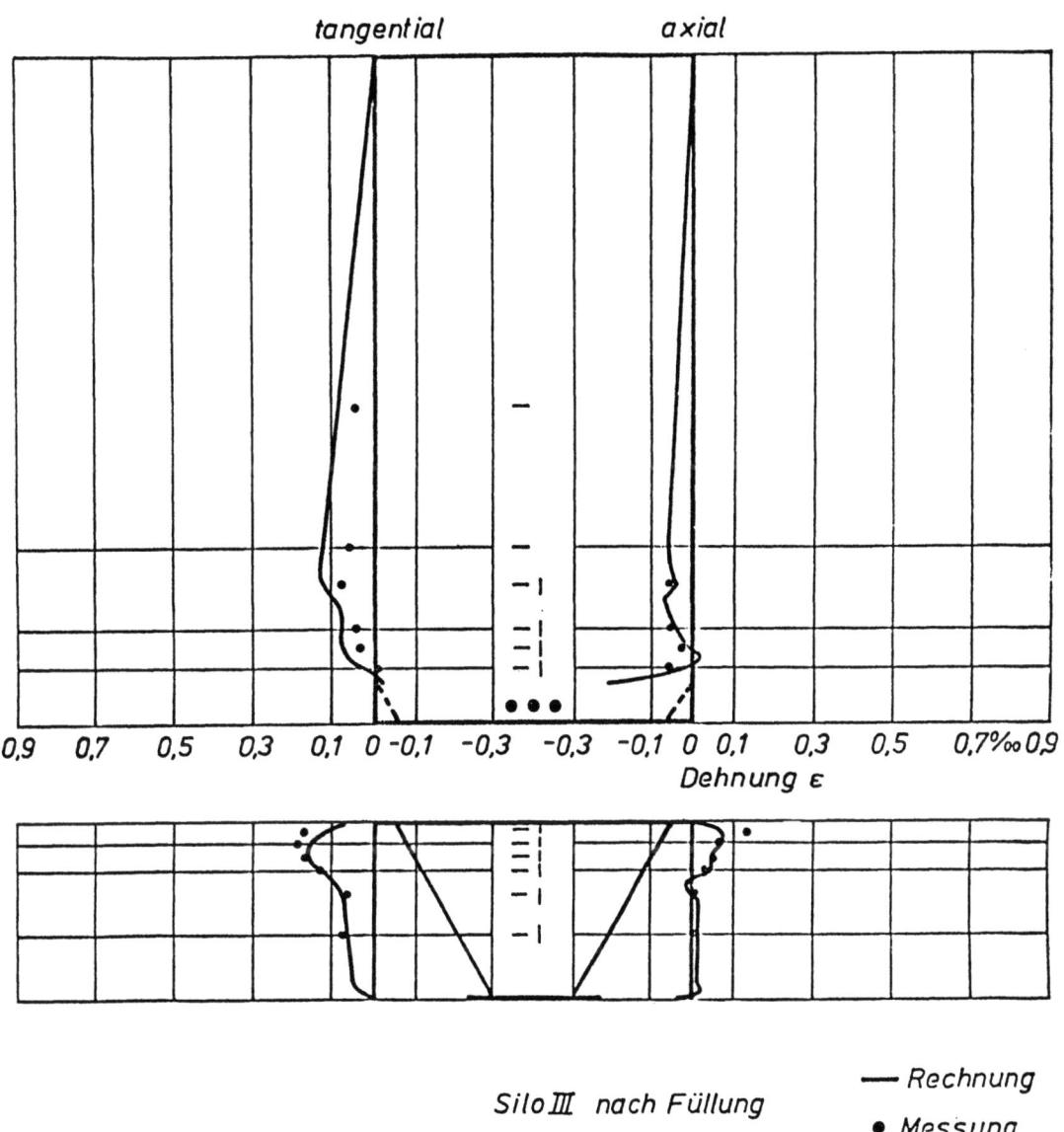

Bild 22: Verformungsverhalten des Modellsilos

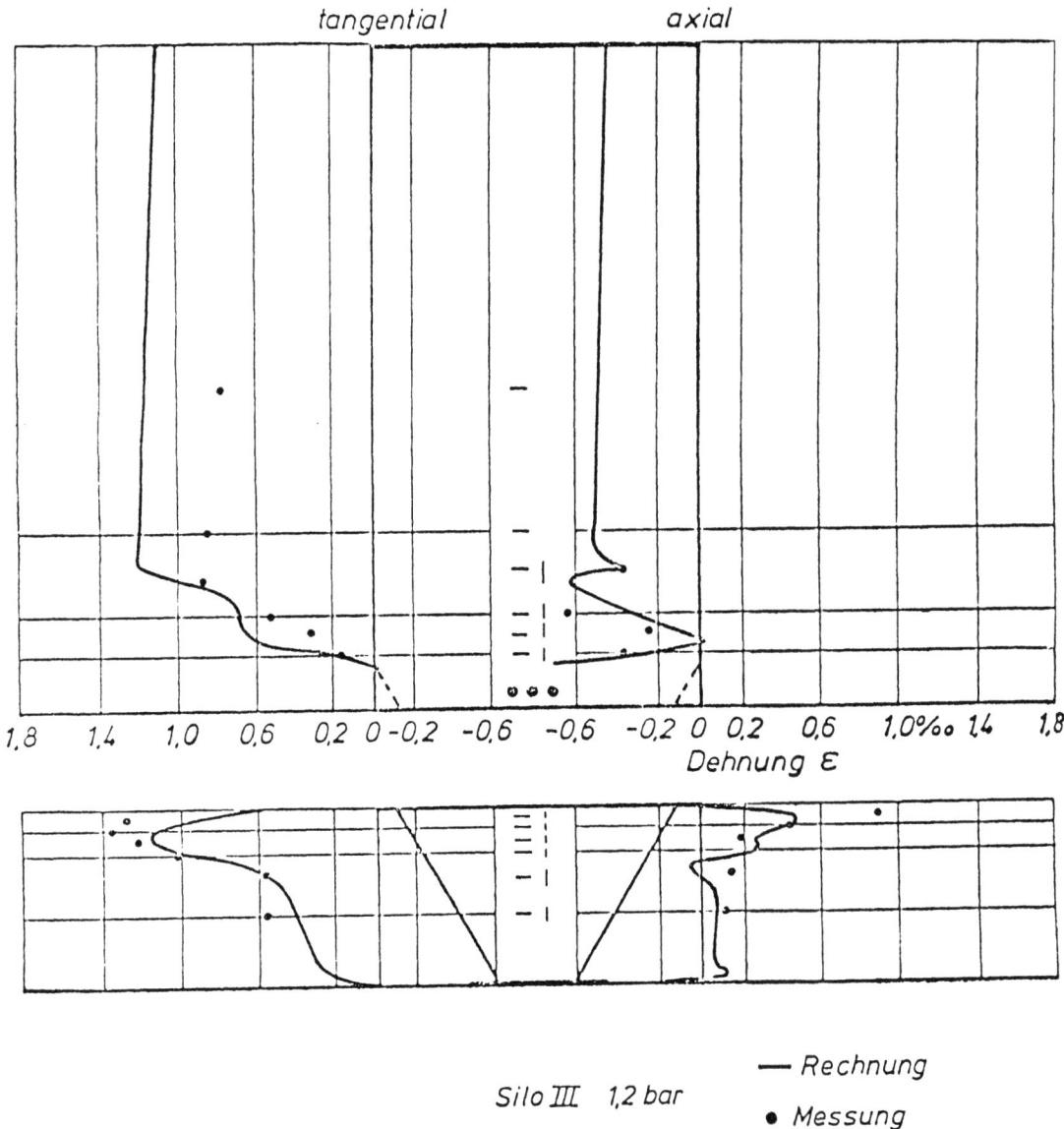

Bild 23: Verformungsverhalten des Modellsilos bei erhöhtem Innendruck

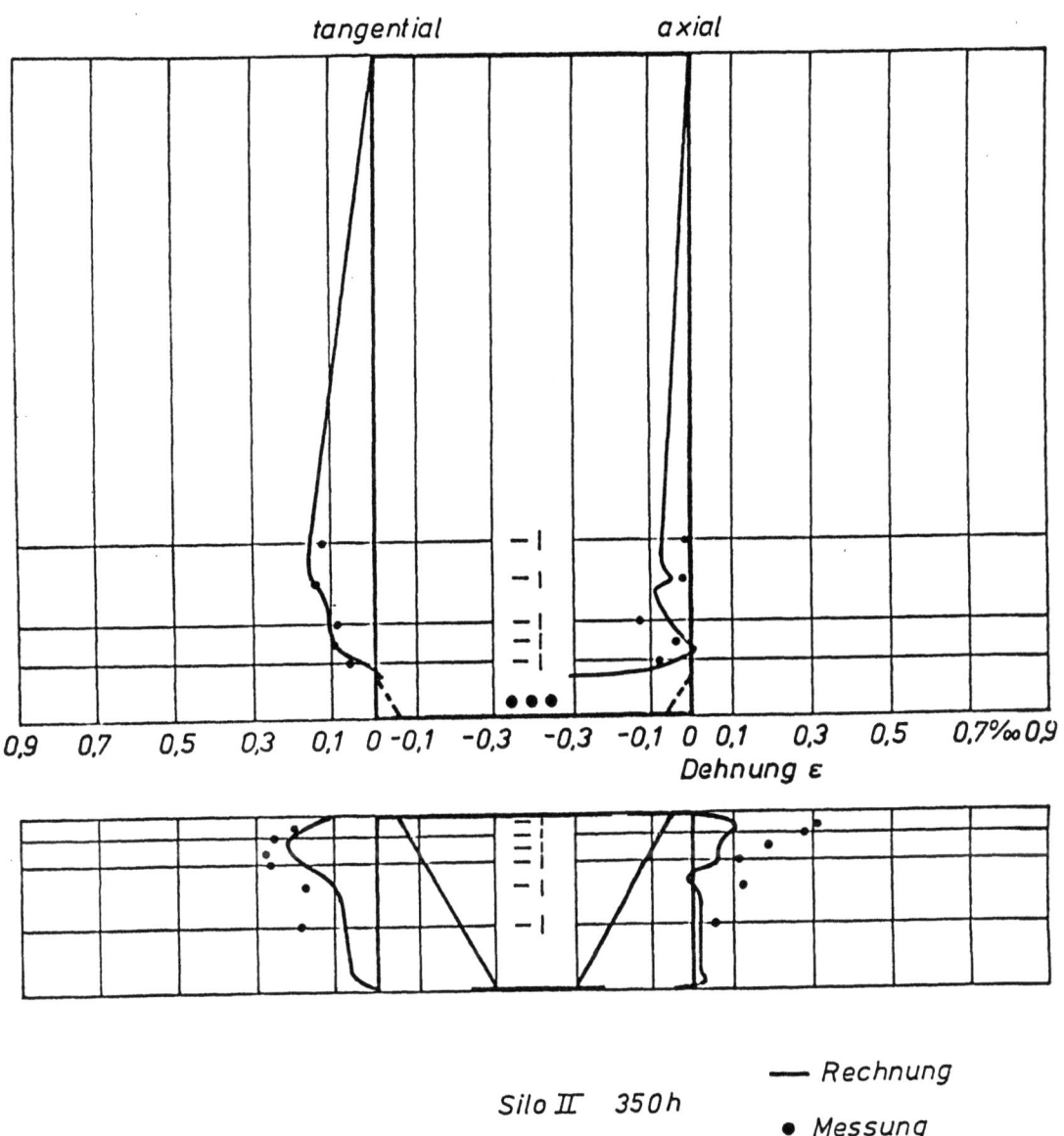

Bild 24: Verformungsverhalten des Modellsilos

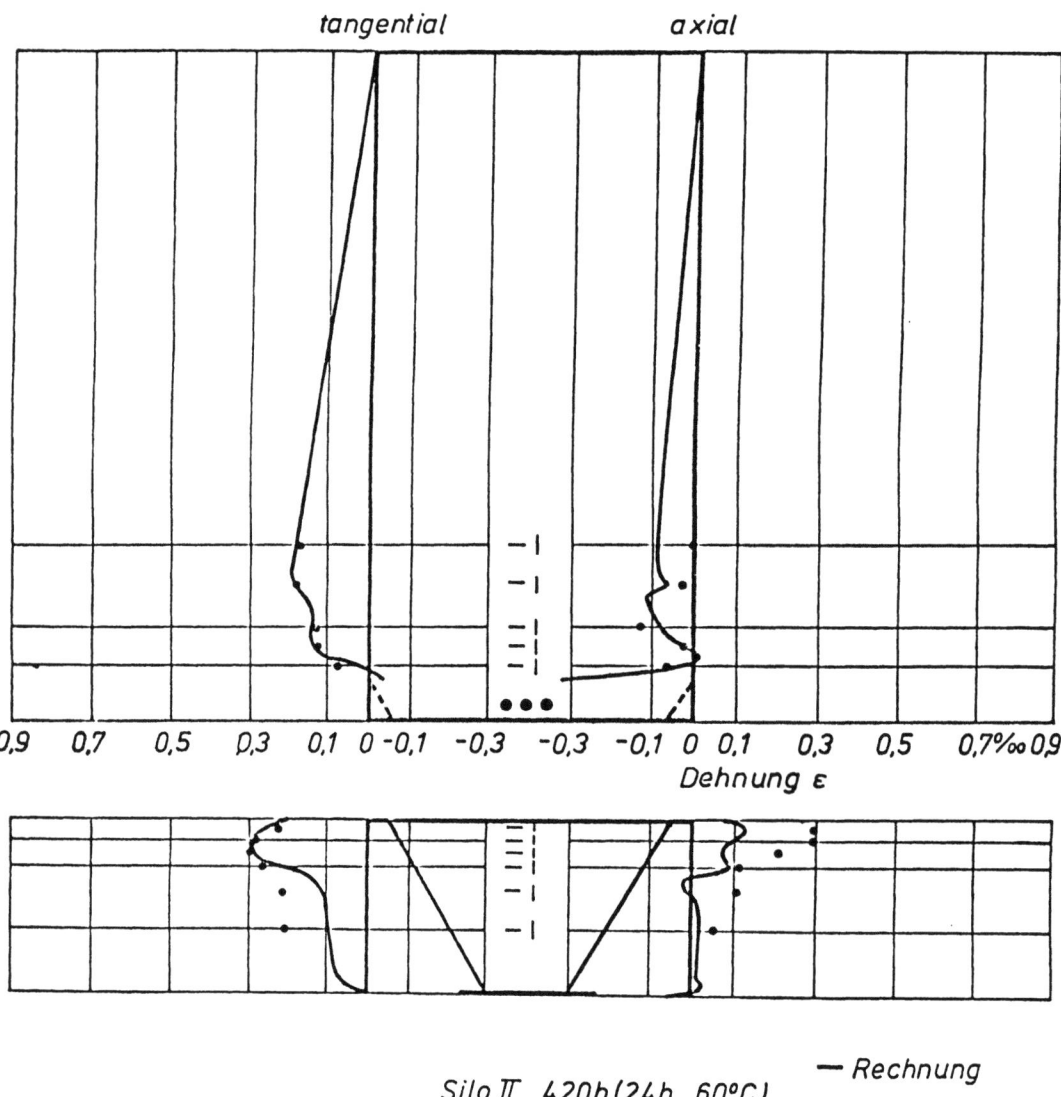

Bild 25: Verformungsverhalten des Modellsilos

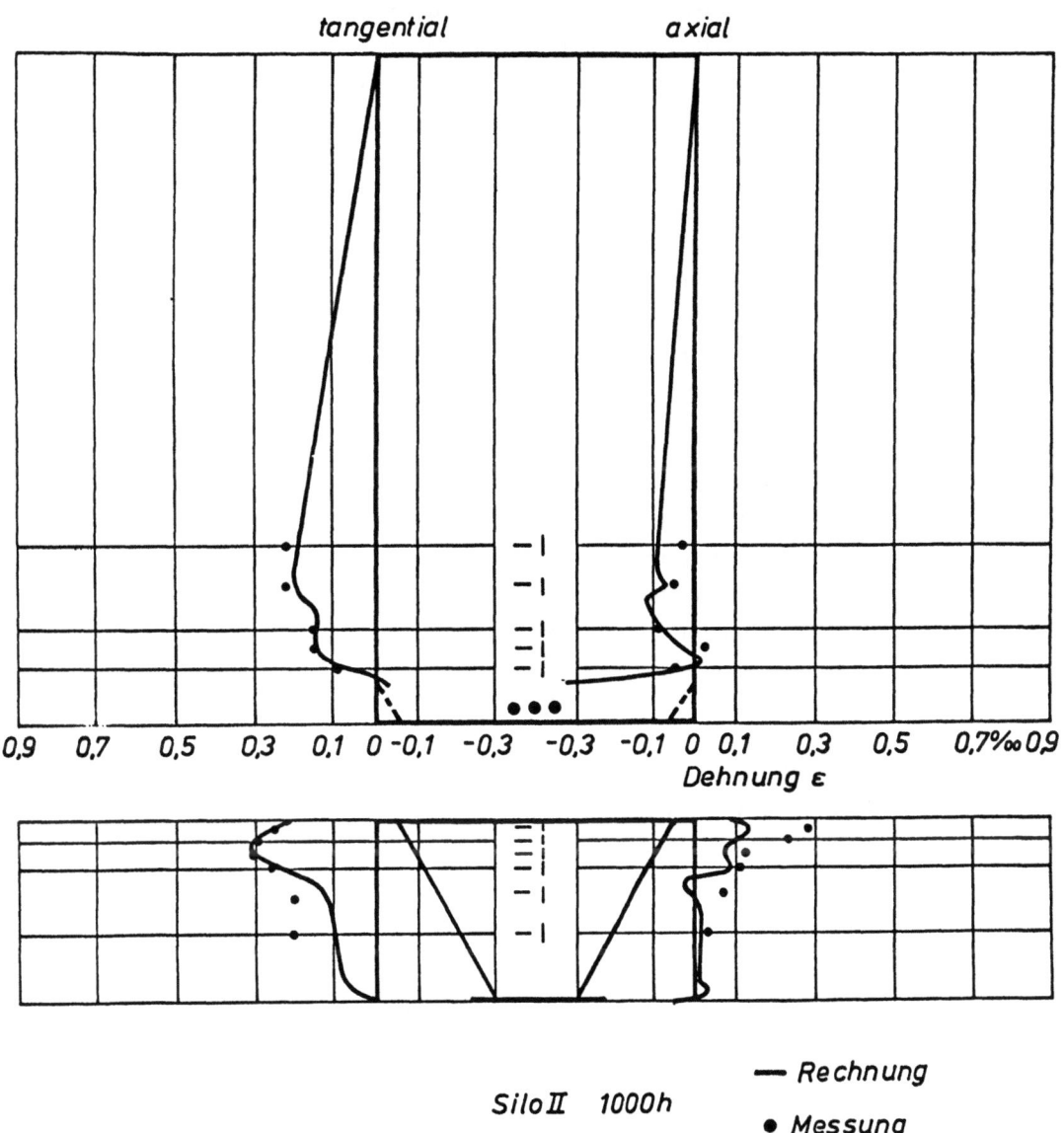

Bild 26: Verformungsverhalten des Modellsilos

Im Kegel nehmen die Umfangs- und Längskräfte nach unten hin ab
mit Ausnahme der Störbereiche, wo, begleitet vom Auftreten von
Biegemomenten, die Zugkräfte in Umfangsrichtung starken Schwan-
kungen unterworfen sein konnten. Dies äußerte sich durch einen
entsprechend unstetigen Verlauf der Dehnungen. Am unteren Rand war
eine Stahlplatte angebracht, die keine radialen Verformungen
zuließ.

Die Bilder 21 und 22 geben die Dehnungen des Silos III nach Ab-
schluß der Füllung wieder. Es sind, wie auch in den folgenden
Bildern, die Dehnungen über der Kontur des Körpers aufgetragen.
Bild 21 bezieht sich dabei auf einen Meridianschnitt in der
Mitte zwischen zwei Stützen, während der zu Bild 22 und allen
folgenden Diagrammen gehörende Längsschnitt durch die Krafteinleitungsstelle führt.

Der Vergleich Rechnung-Messung zeigt bei beiden Bildern gute
Übereinstimmung sowohl hinsichtlich der Beträge als auch in
Bezug auf den Verlauf in allen Bereichen. Der Einfluß der Ein-
zelstützunng, der sich vor allem auf die Axialdehnungen auswirkt,
tritt bei der Rechnung nicht so stark in Erscheinung wie die
Meßergebnisse vermuten lassen. Bei letzteren sind die Werte
im ungestützten Bereich des Zylinders größer als die über der
Krafteinleitungsstelle liegenden. Im Kegel sind die Verhältnisse entsprechend der Wirkungsrichtung der Stützkraft umgekehrt.
Rechnerisch ist die unterbrochene Stützung von geringerer Be-
deutung und besitzt einen kleineren Einwirkungsbereich. Mögliche Ursachen dafür werden im Anschluß an die Erläuterung der
Diagramme genannt.

Der Verformungszustand bei Überlast von 1,2 bar an Silo III ist
in Bild 23 dargestellt. Hier treten örtlich etwas größere Differenzen auf. Im allgemeinen liefern die Messungen jedoch einen
ähnlichen Verlauf wie die Rechnung. Die charakteristischen
Kurvenzüge sind trotz höheren Lastniveaus die gleichen wie in
Bild 22, d.h. die Lage der Extrema hat sich kaum verändert. Die
rechnerischen Ergebnisse für die Verhältnisse im nicht unter-
stützten Bereich unterscheiden sich nur geringfügig von dem in
Bild 23 gezeigten Verlauf. Die Messung dagegen führt hier in

Axialrichtung wieder zu etwas größeren Dehnungen am Zylinder, während die Verformungen des Kegels kleiner sind.

Dem Bild 24 liegt ein dem Bild 22 entsprechender Belastungszustand zugrunde, jedoch zum Zeitpunkt von 350 h nach Belastungsbeginn. Durch das zeitabhängige Absinken der Elastizitätsmoduln muß rechnerisch eine Erhöhung der Verformungen am Bauteil eintreten, was von den Meßwerten bestätigt wird. Eine Temperaturerhöhung brachte durch das weitere Abnehmen der Elastizitätsmoduln eine nochmalige Dehnungszunahme. In Bild 25 sind die von Temperaturdehnung bereinigten Verformungen zum Zeitpunkt 420 h aufgetragen. Bis zum Ende des Versuches bei t = 1000 h trat eine nennenswerte Veränderung nur noch an den Meßwerten im Zylinder in tangentialer Richtung auf (Bild 26). Auch durch die Warmphase ist der Verlauf der gemessenen bzw. gerechneten Kurven prinzipiell erhalten geblieben. Es treten also durch die zeitweilige Temperaturerhöhung keine neuen kritischen Bereiche auf, die sich durch verstärkte Dehnungszunahme auszeichnen würden.

Zusammenfassend kann man von allgemein guter Übereinstimmung zwischen Berechnung und Messung sprechen. Die in manchen Punkten dennoch aufgetretenen Differenzen beruhen auf einer Reihe von schwer zu erfassenden Einflüssen auf der meßtechnischen und auf Vereinfachungen und Idealisierungen auf der rechnerischen Seite.

In Zusammenhang mit letzteren sei hier vor allem der Ringträger erwähnt, der zum einen wegen seiner Zusammensetzung, zum anderen aufgrund seiner geometrischen Proportionen mit vertretbarem Aufwand nicht mehr exakt zu erfassen war. Der Ringträger bestand im vorliegenden Fall aus den jeweiligen Endbereichen von Kegel- und Zylinderschale, wobei der dabei entstehende dreieckförmige Zwickel mit Harz ausgefüllt war. Durch das Zusammenwirken dreier verschiedener Materialien und Querschnitte entstand ein Gebilde, dessen Tragverhalten sich ohne eingehende Betrachtungen nicht genau abschätzen ließ. Hier wurde idealisierend von einem homogenen Querschnitt ausgegangen, dessen Hauptachsen senkrecht bzw. parallel zur Rotationsachse verlaufen. Die Materialkenndaten selbst wurden von bekannten Angaben für Materialien vergleichbarer Zusammensetzung übernommen, was eine weitere mögliche Fehlerquelle in sich barg.

Als Auflagerrandbedingung für den Ring wurde rechnerisch ein radial verschiebbares Punktlager gewählt; diese Annahme trifft die wirkliche Situation am Versuchskörper ausreichend genau, jedoch sind gewisse numerische, nicht erfaßbare Zwängungen denkbar.

Die angeführten Unsicherheiten beschränken sich in ihrem möglichen Einfluß auf einen relativ kleinen Bereich in der Nähe des Ringträgers, da in Rotationsschalen vom Membranzustand abweichende Schnittkraftzustände schnell abklingen.

Zur Absicherung der Ergebnisse des Rechenprogramms wurden verschiedene Vergleichsrechnungen durchgeführt. So können die Rechenwerte in Schalenabschnitten, die nicht in von Randstörungen beeinflußten Bereichen liegen, leicht anhand einfacher Gleichgewichtsbetrachtungen überprüft werden (Membranspannungszustand). Mit den gegebenen Materialkenngrößen ausgeführte Kontrollrechnungen bestätigten die in den Membranbereichen liegenden Rechenergebnisse. Die dort befindlichen Meßstellen - das sind am Kegel die untersten beiden, am Zylinder die oberhalb der vierten Meßstelle liegenden Punkte - lieferten z.T. davon nicht unerheblich abweichende Werte.

Auf ähnlich einfache Methoden zurückgreifend wurde auch eine abschätzende Überprüfung der Wirkung der Einzelstützung auf den Zylinder mittels Scheibentheorie vorgenommen, deren Ergebnis von gleicher Größenordnung wie das der elektronischen Berechnung ist.

Von meßtechnischer und materialspezifischer Seite aus lassen sich ebenfalls einige Störeinflüsse nennen, die zu unterschiedlichen Ergebnissen führen können. So erforderte z.B. die in der Dehnungsmeßtechnik verwendete Halbbrückenschaltung neben dem Aktiv-DMS einen Kompensations-DMS, der bei den Bauteilversuchen auf einem passiven Silokörper, d.h. mechanisch unbelastet aber bei gleicher Umgebungstemperatur, aufgeklebt war. Lag eine zeitweilige Temperaturdifferenz z.B. durch Luftströmungen zwischen Aktiv- und Passiv-DMS vor, so entstand ein Fehlsignal, das als Dehnung interpretiert wurde. Je nach Höhe des Wärmeausdehnungskoeffizienten wirkte sich eine Temperaturdifferenz entsprechend stark aus.

Eine weitere Fehlerquelle lag darin, daß DMS auf Inhomogenitäten in der Behälterwand, wie z.B. Wanddickenunterschiede oder Faser- bzw. Harzanhäufungen, aufgeklebt sein konnten. Diese Bereiche zeigten ein etwas anderes Verformungsverhalten als Zonen mit homogener Verstärkung.

Vor allem im Bereich der Randstörungen unter- und oberhalb des Kegel Zylinder Übergangs änderten sich die Verformungen auf sehr kurzen Strecken recht stark. Durch die Meßgitterlänge erfolgte in diesem Bereich eine mittelnde Verformungsmessung.

Unsicherheiten bei der Ermittlung der Materialkenndaten, wie Umrechnung des Biege- in einen Zugelastizitätsmodul und die Verwendung von Ersatzplatten zur Probekörperherstellung für den Kegelbereich, können weiter zu Differenzen beitragen.

Durch die Prüfung von drei Bauteilen unter unterschiedlichen Bedingungen konnten keine statistisch abgesicherten Ergebnisse erzielt werden. Dazu müßten Reihenversuche stattfinden.

Abschließend läßt sich sagen, daß die aus den vorliegenden Untersuchungen gewonnenen Dehnungsverläufe sich wegen der Unterschiedlichkeit der geometrischen Verhältnisse und der jeweils speziellen Materialeigenschaften nicht direkt auf andere Fälle übertragen lassen. Deswegen ist eine individuelle Berechnung jeder einzelnen Konstruktion unter Berücksichtigung der jeweiligen Materialkenndaten in Abhängigkeit von Zeit-, Temperatur- und Medieneinfluß, wie es z.B. hier durchgeführt wurde, erforderlich.

Bei bekannten Elastizitätsmoduln, die unter einachsigen Versuchsbedingungen bestimmt wurden, und unter Einbeziehung der Querkontraktionszahlen und Wärmeausdehnungskoeffizienten läßt sich das Verformungsverhalten eines mehrachsig belasteten Bauteils bei einem definierten Belastungszustand ermitteln.

Somit können Bauteile aus GFK, wie der dem Forschungsvorhaben zugrunde liegende Behälter, über die entsprechenden Materialkennwerte und die mathematischen Beziehungen nach der Theorie rotationssymmetrischer Schalen dimensioniert werden.

9. Literaturverzeichnis

[1] U. Thebing: Beitrag zur Dimensionierung von GF-UP unter wechselnden Beanspruchungen.
Dissertation RWTH Aachen 1979

[2] G. Menges, U. Bieling: Berechnung von rotationssymmetrischen Schalen aus Kunststoff.
Forschungsbericht Nr. 3073

[3] E. Giencke: Einfluß der verschiedenen Kriechmodelle auf die Spannungen und Verformungen in GFK-Konstruktionen.
Vortrag auf AVK-Tagung

[4] S. Bosniakowski: Berechnung von Rotationsschalen unter beliebiger Belastung.
Aachen 1977.

[5] K. Girkmann: Flächentragwerke.
Springer-Verlag Wien, 4. Auflage 1956

FORSCHUNGSBERICHTE
des Landes Nordrhein-Westfalen

*Herausgegeben
vom Minister für Wissenschaft und Forschung*

Die ,,Forschungsberichte des Landes Nordrhein-Westfalen" sind in
zwölf Fachgruppen gegliedert:

Geisteswissenschaften

Wirtschafts- und Sozialwissenschaften

Mathematik / Informatik

Physik / Chemie / Biologie

Medizin

Umwelt / Verkehr

Bau / Steine / Erden

Bergbau / Energie

Elektrotechnik / Optik

Maschinenbau / Verfahrenstechnik

Hüttenwesen / Werkstoffkunde

Textilforschung

SPRINGER FACHMEDIEN WIESBADEN GMBH

MIX
Papier aus verantwortungsvollen Quellen
Paper from responsible sources
FSC® C105338

If you have any concerns about our products,
you can contact us on
ProductSafety@springernature.com

In case Publisher is established outside the EU,
the EU authorized representative is:
**Springer Nature Customer Service Center GmbH
Europaplatz 3, 69115 Heidelberg, Germany**

Printed by Libri Plureos GmbH
in Hamburg, Germany